编程语言基础

——C语言

张玉莲　李华平　宋晓飞　主编

電子工業出版社
Publishing House of Electronics Industry
北京 • BEIJING

内 容 简 介

本书按照山东省《中等职业学校计算机应用专业教学指导方案》的要求，从应用实战出发，按照循序渐进的教学原则安排学习和训练内容，程序案例由浅入深，让学生在上机调试程序的过程中逐渐建立编程思想，并训练学生的逻辑思维能力和仔细认真的学习态度。最后是综合典型案例，进一步提升学生的综合素质及程序设计能力。本书主要内容包括：认识 C 语言，数据描述与基本操作，选择结构程序设计，循环结构程序设计，数组，函数，指针与结构体、共用体，文件及综合实训。此外，本书最后还附有 5 套模拟试卷。

本书内容丰富、结构清晰，适合作为高等职业学校计算机应用专业的课程教材，以及供广大计算机爱好者参考使用。

图书在版编目（CIP）数据

编程语言基础：C 语言 / 张玉莲，李华平，宋晓飞主编. —北京：电子工业出版社，2018.2

ISBN 978-7-121-33550-1

Ⅰ. ①编… Ⅱ. ①张… ②李… ③宋… Ⅲ. ①C 语言—程序设计—职业教育—教材 Ⅳ. ①TP312.8

中国版本图书馆 CIP 数据核字（2018）第 015895 号

策划编辑：关雅莉
责任编辑：裴　杰
印　　刷：北京七彩京通数码快印有限公司
装　　订：北京七彩京通数码快印有限公司
出版发行：电子工业出版社
　　　　　北京市海淀区万寿路 173 信箱　邮编　100036
开　　本：787×1 092　1/16　印张：12.75　字数：339.2 千字
版　　次：2018 年 2 月第 1 版
印　　次：2025 年 1 月第 9 次印刷
定　　价：28.00 元

凡所购买电子工业出版社图书有缺损问题，请向购买书店调换。若书店售缺，请与本社发行部联系，联系及邮购电话：（010）88254888，88258888。

质量投诉请发邮件至 zlts@phei.com.cn，盗版侵权举报请发邮件至 dbqq@phei.com.cn。

本书咨询联系方式：（010）88254617，luomn@phei.com.cn。

前　言
PREFACE

本书是计算机应用专业系列教材，根据山东省《计算机应用专业教学指导方案》中的“编程语言基础——C 语言”课程标准编写而成。

学习编程语言可以训练学生的思考方式，如同学习阅读一样，在这个知识爆炸的时代，这是一种基本的学习能力。编程的基础是数学，尤其是数学中的逻辑。多练习编程，可以增强人的逻辑思维能力，更好地去分析问题解决问题。而相比于做数学题，编程有丰富的交互，学习反馈更积极，更容易集中注意力和持续进行。

编者在编写本书时，坚持“德立身、技立业”的指导思想，培养学生自我学习的能力，借助信息化手段培养学生的编程思想及逻辑思维能力。

本书是中等职业教育计算机专业主要的专业技能课程。长期以来，由于编程中的函数和英文单词相近，这给学生在学习中造成了畏难情绪，编程的积极性不高。本书的编写以新课程改革中的教育思想和教学方法为指导，综合编写团队成员的教学实践经验，展现了教材结构的改革，通过案例的形式，来培养学生学习兴趣，让学生在学习案例的过程中逐渐领悟并体会到编程的趣味性及程序设计语言的强大功能。

1．本书编写特点

在实例讲解上，本书采用了统一、新颖的编排方式，每个项目都以经典问题开始。在每一个任务前面又设计了案例，每个案例分为“案例描述”、“案例分析”、“编写程序”、“调试程序”四个环节，在每个案例的后面设计了理论知识部分，学生可在编写程序过程中查阅相关理论知识。本书充分考虑了编程的特点，总结提炼了编程技巧，提供了丰富的案例，让学生在制作案例的过程中感受到编程的实用性和趣味性；采用项目式教学，每一个项目又分成几个小任务，在任务实施的过程中由易到难，逐渐掌握编程思想。

2．内容安排

本书从应用实战出发，按照循序渐进的原则安排学习训练内容，采用程序案例由浅入深地讲解、练习，让学生在上机调试程序的过程中逐渐建立编程思想，并训练了学生的逻辑思维能力和仔细认真的学习态度。本书最后是综合典型案例，以进一步提升学生综合素质及程序设计能力。

本书参考学时为 85 学时，由于不同地区存在差异，具体的学时可由任课教师做适当调整。具体学时安排建议如下：

项目	教学内容	参考学时	项目	教学内容	参考学时
1	认识 C 语言	5	5	数组	12
2	数据描述与基本操作	12	6	函数	10
3	条件结构程序设计	12	7	指针与结构体	8
4	循环结构程序设计	12	8	文件及综合实训	14

本书由淄博工业学校张玉莲、李华平、宋晓飞担任主编，参加编写的人员还有：陈霞、崔田福、曹玉红。全书由张玉莲统稿。

由于编者水平有限，加之时间仓促，书中错误之处在所难免，敬请读者批评指正。

编　者

目　录
CONTENTS

项目1

认识C语言

1946年，第一台电子计算机问世，应用领域迅速扩大，软硬件飞速发展，程序设计语言相继问世。程序设计语言即将自然语言形式化为有格式的语言。它的发展经历了机器语言、汇编语言、高级语言，其中高级语言包括面向过程的高级语言和面向对象的程序设计语言。C语言又称中级语言，兼有高级和低级语言的功能，适合编写系统软件和应用软件。下面介绍一个简单的C语言程序。

案例1 一个简单的程序：在屏幕上显示 hello,world!

案例描述

这是一个最简单的C语言程序。

编写程序

```
main()
{
   printf("hello,world!\n");
   getchar();
}
```

调试程序

```
hello,world!
```

程序分析

（1）main是主函数的函数名，表示这是一个主函数。

（2）每一个C源程序都必须有且只能有一个主函数（main函数）。

（3）函数调用语句，printf函数的功能是把要输出的内容送到显示器上进行显示。

（4）printf 函数是一个由系统定义的标准函数，可在程序中直接调用。

任务 1.1 C 语言的背景

C 语言是在 20 世纪 70 年代初问世的。1978 年，美国电话电报公司（AT&T）贝尔实验室正式发布了 C 语言。早期的 C 语言主要用于 UNIX 系统。由于 C 语言的强大功能和各方面的优点逐渐为人们认识，到了 20 世纪 80 年代，C 语言开始进入其他操作系统，并很快在各类大、中、小和微型计算机上得到了广泛使用，成为当代最优秀的程序设计语言之一。

目前，流行的 C 语言有以下几种。

（1）Microsoft C 或称 MS C。

（2）Borland Turbo C 或称 Turbo C。

（3）AT&T C。

这些 C 语言版本不仅实现了 ANSI C 标准，还在此基础上各自做了一些扩充，使之更加方便、完美。

任务 1.2 C 语言程序的架构

（1）C 语言简洁、紧凑，使用方便、灵活。ANSI C 一共只有以下共 32 个关键字。

auto	break	case	char	const	continue	default
do	double	else	enum	extern	float	for
goto	if	int	long	register	return	short
signed	static	sizeof	struct	switch	typedef	union
unsigned	void	volatile	while			

注意： 在 C 语言中，关键字都是小写的。

（2）C 语言有 9 种控制语句，程序书写自由，主要用小写字母表示，压缩了一切不必要的成分。

```
if()…else…
for()…
while()…
do…while()
continue
break
switch
goto
return
```

（3）C 语言运算符丰富，共有 34 种运算符。

算术运算符：+、-、*、/、%、++、--

关系运算符：<、<=、==、>、>=、!=

逻辑运算符：!、&&、||

位运算符：<<、>>、~、|、^、&

赋值运算符：= 及其扩展

条件运算符：?、:

逗号运算符：,

指针运算符：*、&

求字节数：sizeof

强制类型转换：(类型)

分量运算符：.、->

下标运算符：[]

其他：()、—

注意：各种运算符混合使用时，其优先级与结合方法是难点。

（4）C 语言数据类型丰富，如图 1.1 所示。

C 语言

数据

类型

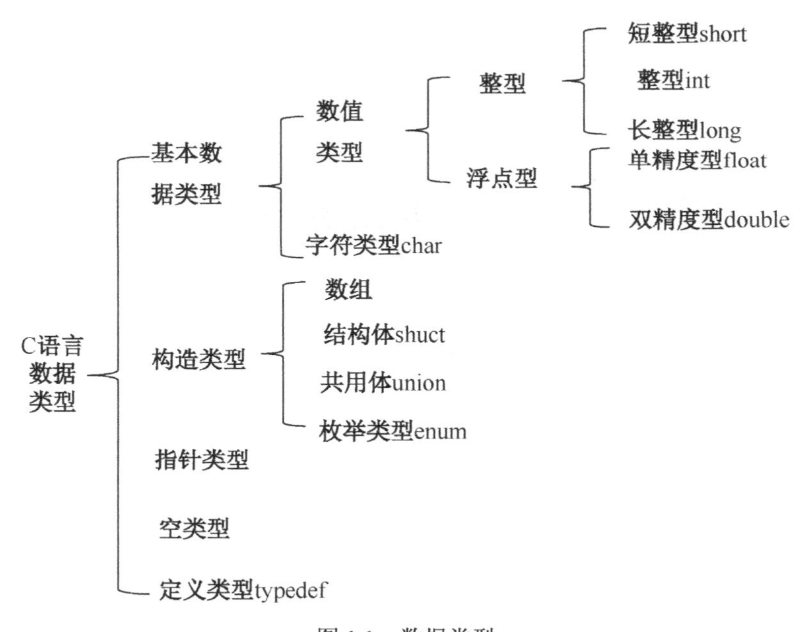

图 1.1 数据类型

任务 1.3 C 语言程序设计的风格

1. C 源程序的结构特点

（1）一个 C 语言源程序可以由一个或多个源文件组成。

（2）每个源文件可由一个或多个函数组成。

（3）一个源程序不论由多少个文件组成，都有一个且只能有一个 main 函数，即主函数。

（4）源程序中可以有预处理命令（include 命令仅为其中的一种），预处理命令通常应放在源文件或源程序的最前面。

（5）每一个说明、每一个语句都必须以分号“;”结尾。但预处理命令、函数头和花括号“}”之后不能加分号。

（6）标识符、关键字之间必须至少加一个空格以示间隔。若已有明显的间隔符，则可不再加空格来间隔。

2. 书写程序时应遵循的规则

（1）一个说明或一个语句占一行。

（2）用{}括起来的部分，通常表示了程序的某一层次结构。{}一般与该结构语句的第一个字母对齐，并单独占一行。

（3）低一层次的语句或说明可比高一层次的语句或说明缩进若干格后书写，以便看起来更加清晰，增加程序的可读性。

在编程时应力求遵循这些规则，以养成良好的编程风格。

任务 1.4 常用命令和调试手段

1. C 程序开发步骤

C 程序开发步骤如图 1.2 所示。

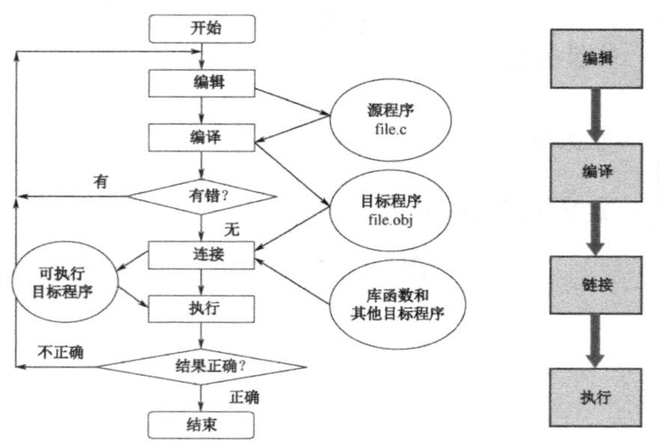

图 1.2　C 程序开发步骤

2．Turbo C 2.0 集成开发环境

D:\TC>TC.exe，进入 Turbo C 2.0 集成开发环境，如图 1.3 所示。

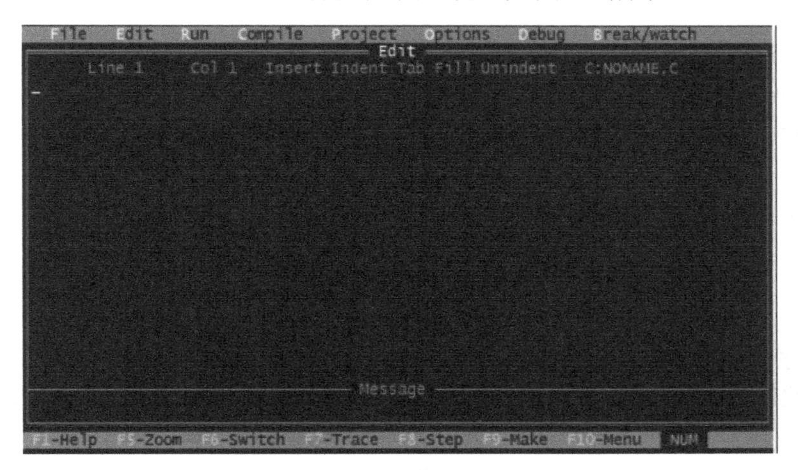

图 1.3　开发环境

其中，最上面一行为 Turbo C 2.0 主菜单，中间为编辑区，接下来是信息窗口，最下面一行为参考行。这 4 部分构成了 Turbo C 2.0 的主屏幕，以后的编程、编译、调试以及运行都将在这个主屏幕中进行。

（1）主控菜单：File（文件操作）、Edit（编辑操作）、Compile（编译连接）、Run（执行）。

（2）退出 Turbo C：Quit、Alt +X。

（3）帮助：F1、Ctrl+F1。

3．常用热键

（1）基本操作。

F10——调用主菜单，F2——存盘

F3——打开，F1——帮助信息

Alt+F9——Compile，Ctrl+F9——Run

Alt+F5——User Screen，Alt+X——退出 Turbo C

（2）文本编辑。

↑、↓、←、→——移动光标

PgUp、PgDn——上下翻页

Ctrl+PgUp、Ctrl+PgDn——文件首尾

Home——行首，End——行尾

（3）块操作。

Ctrl+KB——块开始标记，Ctrl+KK——块结束标记

Ctrl+KC——块复制，Ctrl+KV——块移动

Ctrl+KY——块删除，Ctrl+KH——块隐藏

（4）窗口操作。

F5——窗口缩放，F6——窗口切换

（5）程序调试。

F8——Step Over，F7——Trace Into

F4——Goto Cursor，Ctrl+F7——Add Watch

Ctrl+F8——Toggle Breakpoint，Ctrl+F2——Program Reset

任务 1.5 认识算法

一个程序应包括以下内容。

（1）对数据的描述，在程序中要指定数据的类型和数据的组织形式，即数据结构（Data Structure）。

（2）对操作的描述，即操作步骤，也就是算法（Algorithm）。

Nikiklaus Wirth 提出：数据结构+算法=程序

我们认为：程序=算法+数据结构+程序设计方法+语言工具和环境。

这 4 个方面是一个程序设计人员所应具备的知识。本书的目的是使读者知道怎样编写一个 C 程序，进行编写程序的初步训练，因此，这里只介绍算法的初步知识。

1．算法的概念

做任何事情都有一定的步骤。为解决一个问题而采取的方法和步骤称为算法。计算机算法即计算机能够执行的算法。它可分为两大类：数值运算算法，如求解数值；非数值运算算法，如事务管理领域。

2．简单算法举例

【例 1.1】 求 1×2×3×4×5。

最原始方法：

步骤 1：先求 1×2，得到结果 2。

步骤 2：将步骤 1 得到的乘积 2 乘以 3，得到结果 6。

步骤 3：将 6 再乘以 4，得 24。

步骤 4：将 24 再乘以 5，得 120。

这样的算法虽然正确，但是太烦琐。

改进的算法：

S1：使 t=1。

S2：使 i=2。

S3：使 t×i，乘积仍然放在变量 t 中，可表示为 t×i→t。

S4：使 i 的值+1，即 i+1→i。

S5：如果 i≤5，则返回重新执行 S3 以及其后的 S4、S5；否则，算法结束。

如果计算 100！只需将 S5 中的 i≤5 改成 i≤100 即可。

如果要求 1×3×5×7×9×11，算法也只需做很少的改动。

S1：1→t。

S2：3→i。

S3：t×i→t。

S4：i+2→t。

S5：若 i≤11，则返回 S3，否则，结束。

该算法不仅正确，还是计算机中运行较好的算法，因为计算机是高速运算的自动机器，实现循环轻而易举。

思考：若将 S5 写成：若 i<11，返回 S3；否则，结束，结果会是多少？

【例 1.2】有 50 个学生，要求将他们之中成绩在 80 分以上者打印出来。

如果 n 表示学生学号，n i 表示第 i 个学生的学号；g 表示学生成绩，g i 表示第 i 个学生的成绩，则算法可表示如下。

S1：1→i。

S2：如果 g i≥80，则打印 n i 和 g i，否则不打印。

S3：i+1→i。

S4：若 i≤50，返回 S2，否则，结束。

3．算法的特性

（1）有穷性：一个算法应包含有限的操作步骤而不能是无限的。

（2）确定性：算法中每一个步骤应当是确定的，而不能应当是含糊的、模棱两可的。

（3）有零个或多个输入。

（4）有一个或多个输出。

（5）有效性：算法中每一个步骤应当能有效地执行，并得到确定的结果。

对于程序设计人员而言，必须会设计算法，并根据算法写出程序。

4．怎样表示一个算法

（1）用自然语言表示算法：除了很简单的问题之外，一般不用自然语言表示算法。

（2）用流程图表示算法：流程图表示算法直观形象、易于理解。流程图的各图形标识如图 1.4 所示。

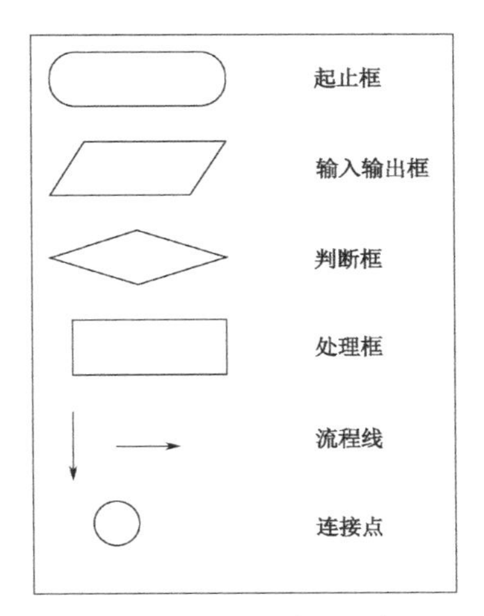

图 1.4　流程图的各图形标识

【例 1.3】求 5!的算法用流程图表示，如图 1.5 所示。

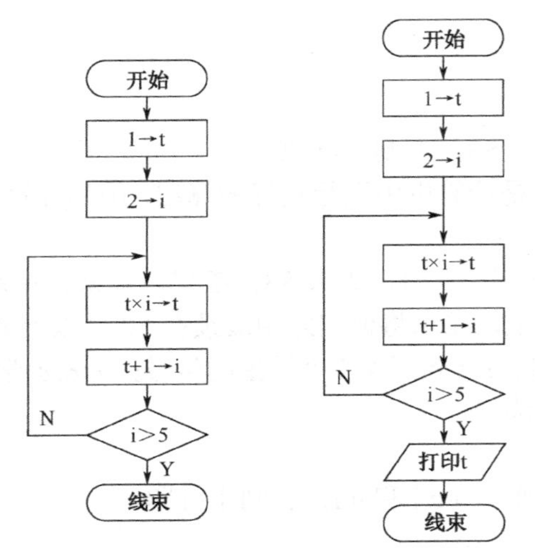

图 1.5　求 5!

【例 1.4】将例 1.2 的算法用流程图表示出来，如图 1.6 所示。

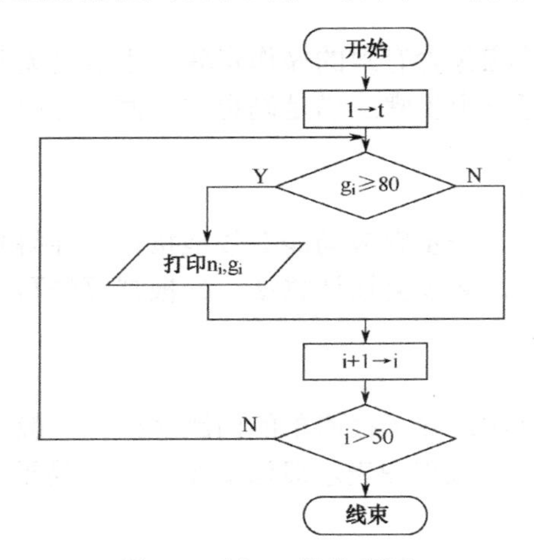

图 1.6　例 1.2 的流程图

（3）三种基本结构和改进的流程图。

顺序结构，如图 1.7 所示。

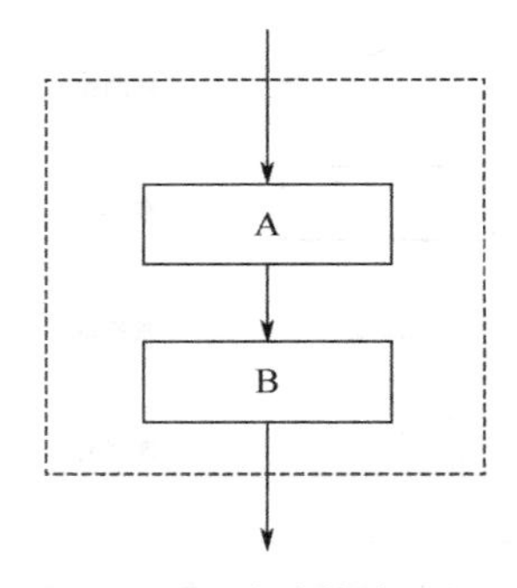

图 1.7　顺序结构流程图

选择结构，如图 1.8 所示。

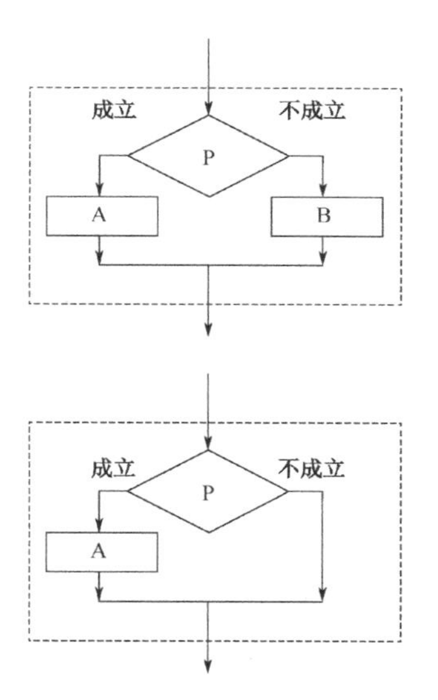

图 1.8　选择结构流程图

循环结构，如图 1.9 所示。

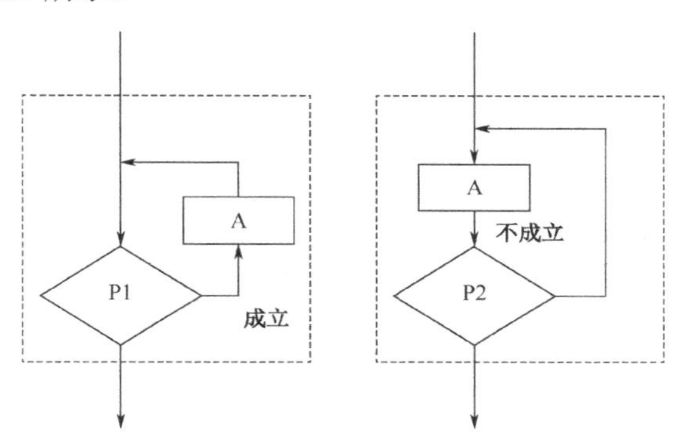

图 1.9　循环结构流程图

注意：三种基本结构的共同特点如下。

① 只有一个入口。

② 只有一个出口。

③ 结构内的每一部分都有机会被执行到。

④ 结构内不存在“死循环”。

(4)用 N-S 流程图表示算法。1973 年美国学者提出了一种新型流程图——N-S 流程图。

顺序结构，如图 1.10 所示。

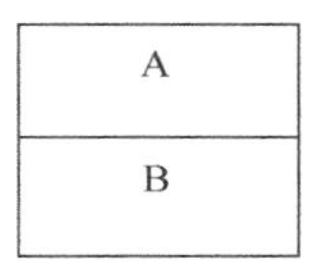

图 1.10　顺序结构 N-S 流程图

选择结构，如图1.11所示。

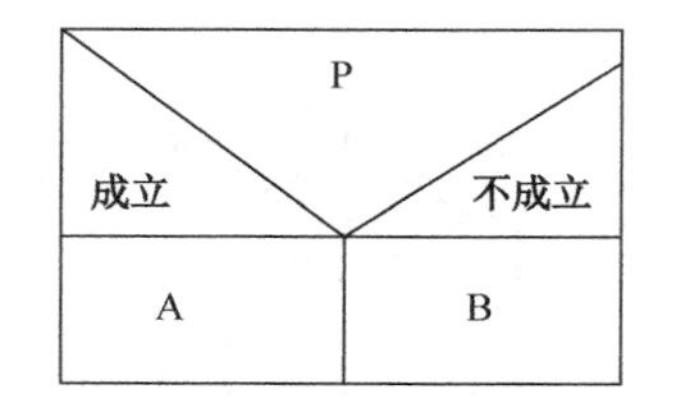

图1.11　选择结构N-S流程图

循环结构，如图1.12所示。

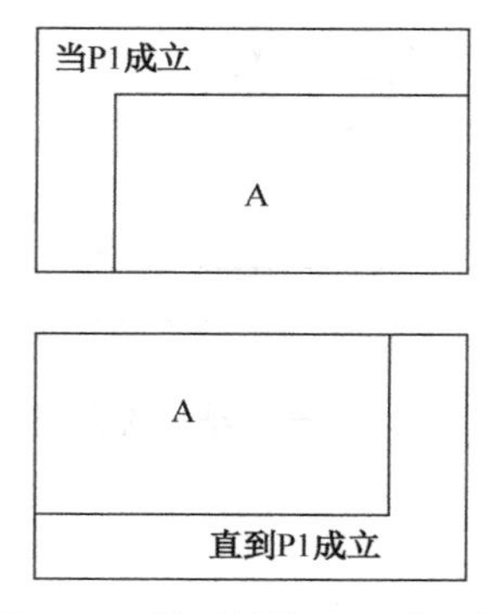

图1.12　循环结构N-S流程图

（5）用伪代码表示算法：伪代码使用介于自然语言和计算机语言之间的文字和符号来描述算法。

（6）用计算机语言表示算法。

① 我们的任务是用计算机解题，也就是用计算机实现算法。

② 用计算机语言表示算法必须严格遵循所用语言的语法规则。

5．结构化程序设计方法

结构化程序设计方法的特点：自顶向下、逐步细化、模块化设计、结构化编码。

编程题

1．请参照本项目例题，编写一个C程序，输出以下信息：

```
******************************
Very  good!
******************************
```

2．编写一个C程序，输入a、b、c，3个值，输出其中最大者。

3．上机运行本项目的例题，熟悉所用系统的上机方法与步骤。

4．上机运行本项目课后练习的习题1和习题2所编写的程序。

项目2

数据描述与基本操作

程序设计的目的是通过程序来解决实际问题，一般通过对信息的获取、操作、处理来完成。在程序设计时，首先要掌握数据类型、数据输入、数据处理、数据输出等基本概念和操作方法。在本项目中，主要介绍数据类型、常用的运算符、表达式赋值操作、格式输入及输出函数，以及简单的顺序结构程序，通过本项目的学习，可以掌握C语言中数据类型、表达式运算及简单程序的编写。

（1）数据的表现形式及运算。

（2）C语句的作用、分类。

（3）数据的输入与输出语句。

（4）顺序结构程序设计方法。

案例2 求三角形面积

案例描述

（1）给出三角形 *ABC* 的三边长，求三角形面积。

（2）假设给定的三个边符合构成三角形的条件。

（3）所需公式：三角形半周长为 $s=(a+b+c)/2$，

三角形 *ABC* 面积 $S=\sqrt{s(s-a)(s-b)(s-c)}$

案例分析

（1）变量和常量。

（2）格式输入函数、格式输出函数。

（3）双精度浮点型数据。

（4）运算符。

```
#include <stdio.h>
```

```
#include <math.h>
int main ( )
{  Double a,b,c, s,area;
 Scanf(%f,%f,%f" &a,&b,&c);
  s=(a+b+c)/2;
  area=sqrt(s*(s-a)*(s-b)*(s-c));
printf("a=%f\tb=%f\t%f\n",a,b,c);
  printf("area=%f\n",area);
  return 0;
}
```

调试程序

任务 2.1 数据的表现形式及运算

1. C 语言数据类型

在案例 2 中，我们已经看到程序中使用的各种变量都应预先加以定义，即先定义后使用。对变量的定义可以包括三个方面：数据类型、存储类型、作用域。所谓数据类型是按被定义变量的性质、表示形式、占据存储空间的多少、构造特点来划分的。在 C 语言中，数据类型可分为基本数据类型、构造数据类型、指针类型、空类型四大类。本任务中只学习基本数据类型：整型、浮点型、字符型。

2. 常量与变量

对于基本数据类型的量，按其取值是否可改变又分为常量和变量两种。在程序执行过程中，其值不发生改变的量称为常量，其值可变的量称为变量。它们可与数据类型结合起来分类。例如，可分为整型常量、整型变量、实型常量、实型变量、字符常量、字符变量、枚举常量、枚举变量。在程序中，常量是可以不经说明而直接引用的，而变量则必须先定义后使用。

3. 常量和符号常量

在程序执行过程中，其值不发生改变的量称为常量。

（1）直接常量，包含以下几种。

① 整型常量：12、0、-3。

② 实型常量：4.6、-1.23。

③ 字符常量：'a'、'b'。

（2）标识符：用来标识变量名、符号常量名、函数名、数组名、类型名、文件名的有效字符序列。

（3）符号常量：用标识符代表一个常量。在 C 语言中，可以用一个标识符来表示一个常量，称之为符号常量。

符号常量在使用之前必须先定义，其一般形式为

```
#define 标识符 常量
```

其中，#define 也是一条预处理命令（预处理命令都以“#”开头），称为宏定义命令（在后面预处理程序中将进一步介绍），其功能是把该标识符定义为其后的常量值。一经定义，以后在程序中所有出现该标识符的地方均代之以该常量值。

例如，#define PI 3.1415926，此后只要是在文件中出现的 PI 均可用 3.1415926 来代替。

（4）习惯上，符号常量的标识符用大写字母，变量标识符用小写字母，以示区别。

【例 2.1】符号常量的使用。

```
#define PRICE 30
main()
{
  int num,total;
  num=10;
  total=num* PRICE;
  printf("total=%d",total);
}
```

◎ 输出结果

```
300
```

小提示：

（1）用标识符代表一个常量，称为符号常量。

（2）符号常量与变量不同，它的值在其作用域内不能改变，也不能再被赋值。

（3）使用符号常量的好处如下。

① 含义清楚；

② 能做到“一改全改”。

4. 整型常量

整型常量就是整常数。在 C 语言中，使用的整常数有八进制、十六进制和十进制三种。每种进制的整常数都有自己的表示方法，如表 2.1 所示。

表 2.1 整型常量

进制	前缀	数码	合法数举例	非法数举例
十进制	无	0～9	345	016
八进制	0	0～7	023	234，857
十六进制	0X 或 0x	0～9，A～F 或 a～f	0XD2	3C，0X3G

5. 实型常量

实型也称为浮点型。实型常量也称为实数或者浮点数。在 C 语言中，实数只采用十进制。它有两种形式：十进制小数形式及指数形式。

（1）十进制数形式：由数码 0～9 和小数点组成。

例如，0.0、265.0、7.869、0.17、2.0、40.、-7.82 等均为合法的实数。注意，必须有小

数点。

（2）指数形式：由十进制数加阶码标志“e”或“E”以及阶码（只能为整数，可以带符号）组成。其一般形式为 a E n（a 为十进制数，n 为十进制整数），其值为 $a*10^n$，如 2.3E3 (等于 $2.1*10^3$)。

以下不是合法的实数：

345 (无小数点)，

E5 (阶码标志 E 之前无数字)，

-6 (无阶码标志)，

23.-E5 (负号位置不对)，

1.7E (无阶码)。

标准 C 允许浮点数使用后缀。后缀为“f”或“F”即表示该数为浮点数。例如，345f 和 345.是等价的。

【例 2.2】实型常量举例。

```
main()
{
  printf("%f\n ",345.);
  printf("%f\n ",345);
  printf("%f\n ",345f);
}
```

◎ **输出结果**

```
345
345
345
```

6. 字符常量

字符常量是用单引号括起来的一个字符。例如，'c'、'c'、'#'、'&'、'? '都是合法字符常量。

在 C 语言中，字符常量有以下特点。

（1）字符常量只能用单引号括起来，不能用双引号或其他括号括起来。

（2）字符常量只能是单个字符，不能是字符串。

（3）字符可以是字符集中任意字符。但数字被定义为字符型之后就不能参与数值运算了。例如，'5'和 5 是不同的，'5'是字符常量，不能参与运算。

字符数据存放在内存中的并不是字符本身，而是字符的代码，即 ASCII（美国标准信息交换码），每一个字符都有唯一的 ASCII 码。ASCII 码标准字符集定义了 128 个字符，每个字符对应于一个 ASCII 码，编码值为 0～127。也就是说，字符的存储形式与整数相似，不同的是，它在内存中仅占一个字节。

转义字符：

转义字符是一种特殊的字符常量。转义字符以反斜线“\”开头，后跟一个或几个字符。转义字符具有特定的含义，不同于字符原有的意义，故称“转义”字符。案例 2 中 printf 函数的格式串中用到的“\n”就是一个转义字符，其意义是“回车换行”。转义字符主要用来表示那些用一般字符不便于表示的控制代码，常用的转义字符及其含义见表 2-2。

表 2-2 常用的转义字符及其含义

转义字符	转义字符的意义	ASCII 代码
\n	回车换行	10
\t	横向跳到下一制表位置	9
\b	退格	8
\r	回车	13
\f	走纸换页	12
\\	反斜线符“\”	92
\'	单引号符	39
\"	双引号符	34
\a	鸣铃	7
\ddd	1~3 位八进制数所代表的字符	
\xhh	1 或 2 位十六进制数所代表的字符	

【例 2.3】转义字符的使用。

```
main()
{
  printf("a\bre\hi\y\\\bou\n");
printf("hijk\tL\bM\n");
}
```

◎ 输出结果

```
rehiyou
Hijk    M
```

7. 变量

其值可以改变的量称为变量。一个变量应该有一个名称，在内存中占据一定的存储单元。变量定义必须放在变量使用之前，一般放在函数体的开头部分。注意，变量名和变量值是两个不同的概念。如语句“int num,total;”定义了整型变量，其中“num”、“total”是变量名。

8. 整型变量

1）整型数据在内存中的存放形式

如果定义了一个整型变量 i：

```
int i;
i=10;
```

2）整型变量的分类

（1）基本型：类型说明符为 int，在内存中占 2 个字节。

（2）短整型：类型说明符为 short int 或 short。所占字节和取值范围均与基本型相同。

（3）长整型：类型说明符为 long int 或 long，在内存中占 4 个字节。

（4）无符号型：类型说明符为 unsigned。

表 2.3 列出了 Turbo C 中各类整型变量所分配的内存字节数及数的表示范围。

表 2.3 整型变量

类型说明符	数的范围	字节数
int	-32768～32767，即-2^{15}～（2^{15}-1）	2
unsigned int	0～65535，即 0～（2^{16}-1）	2
short int	-32768～32767，即-2^{15}～（2^{15}-1）	2
unsigned short int	0～65535，即 0～（2^{16}-1）	2
long int	-2147483648～2147483647，即-2^{31}～（2^{31}-1）	4
unsigned long	0～4294967295，即 0～（2^{32}-1）	4

3）整型变量的定义

变量定义的一般形式为

类型说明符　变量名标识符，变量名标识符，……；

例如：

int a,b,c; (a、b、c 为整型变量)

long x,y; (x、y 为长整型变量)

unsigned p,q; (p、q 为无符号整型变量)

在书写变量定义时，应注意以下几点。

（1）允许在一个类型说明符后，定义多个相同类型的变量；各变量名之间用逗号间隔；类型说明符与变量名之间至少用一个空格间隔。

（2）最后一个变量名之后必须以“;”结尾。

（3）变量定义必须放在变量使用之前，一般放在函数体的开头部分。

【例 2.4】整型变量的定义与使用。

```
main()
{
 int a,b,c,d;
 unsigned u;
 a=6;b=-14;u=6;
 c=a+u;d=b+u;
 printf("a+u=%d,b+u=%d\n",c,d);
}
```

◎ 输出结果

```
a+u=12   b+u=-8
```

4）整型数据的溢出

【例 2.5】整型数据的溢出。

```
main()
{
 int a,b;
 a=32767;
 b=a+1;
```

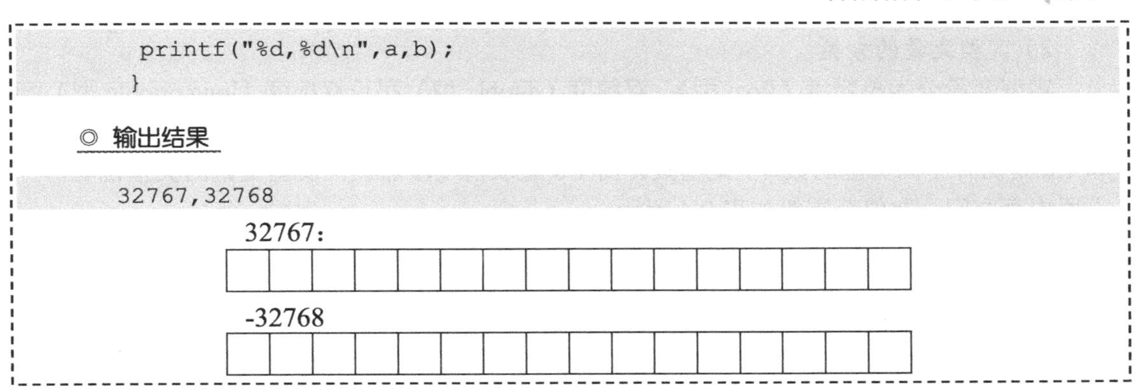

```
    printf("%d,%d\n",a,b);
  }
```

◎ 输出结果

```
32767,32768
```


【例 2.6】示例。

```
main()
{
  long x,y;
  int a,b,c,d;
  x=9;
  y=7;
  a=5;
  b=9;
  c=x+a;
  d=y+b;
  printf("c=x+a=%d,d=y+b=%d\n",c,d);
}
```

◎ 输出结果

```
32767,32768
```

小提示：

（1）x、y 是长整型变量，a、b 是基本整型变量。它们之间允许进行运算，运算结果为长整型。

（2）c、d 被定义为基本整型，因此最后结果为基本整型。

（3）本例说明，不同类型的量可以参与运算并相互赋值。

（4）其中的类型转换是由编译系统自动完成的。有关类型转换的规则将在以后介绍。

9. 实型变量

1）实型变量在内存中的存放形式

实型变量又称浮点型变量，一般占 4 个字节（32 位）内存空间，按指数形式存储。实数 3.1415926 在内存中的存放形式如下：

+	.31415926	1
数符	小数部分	指数

① 小数部分占的位（bit）数越多，数的有效数字越多，精度越高。

② 指数部分占的位数越多，则能表示的数值范围越大。

2）实型变量的分类

实型变量分为单精度（float 型）、双精度（double 型）和长双精度（long double 型）三类，整数也可以用浮点数来表示，但必须在整数的后面加一个小数点。注意，在数据中，1 和 1.0 是两种不同类型的数，1 是整数，而 1.0 是双精度浮点数。实型变量的类型说明符、占用内存空间、取值范围等如表 2.4 所示。

表 2.4　实型变量

类型说明符	比特数（字节数）	有效数字	数的范围
float	32（4）	6 或 7	10^{-37}～10^{38}
double	64(8)	15 或 16	10^{-307}～10^{308}
long double	128(16)	18 或 19	10^{-493}～10^{4932}

实型变量定义的格式和书写规则与整型相同。

例如：

float x,y; (x、y 为单精度实型量)

double a,b,c; (a、b、c 为双精度实型量)

3）实型数据的舍入误差

由于实型变量是由有限的存储单元组成的，因此能提供的有效数字总是有限的。

【例 2.7】实型数据的舍入误差。

```
main()
{
   float a;
   double b;
   a=22222.22222;
   b=33333.33333333333333;
   printf("%f\n%f\n",a,b);
}
```

◎ 输出结果

```
22222.22256
33333.33333
```

小提示：

（1）从本例可以看出，由于 a 是单精度浮点型，有效位数只有 7 位，而整数已占 5 位，故小数点两位后之后均为无效数字。

（2）b 是双精度型，有效位为 16 位。但 Turbo C 规定小数后最多保留 6 位，及其余部分四舍五入。

10．字符变量

字符变量用来存储字符常量，即单个字符。

字符变量的类型说明符是 char。字符变量类型定义的格式和书写规则都与整型变量相同。例如，char ch1,ch2;。

字符数据在内存中的存储形式及使用方法：每个字符变量被分配一个字节的内存空间，

因此只能存放一个字符。字符值是以 ASCII 码的形式存放在变量的内存单元之中的。

例如，a 的十进制 ASCII 码是 97，b 的十进制 ASCII 码是 98。对字符变量 x、y 赋予'a'和'b'值：实际上是在 a、b 两个单元内存放 97 和 98 的二进制代码。

【例 2.8】向字符变量赋整数。

```
main()
{
  char ch1,ch2;
  ch1=97;
  ch2=98;
  printf("%c,%c\n",ch1,ch2);
  printf("%d,%d\n",ch1,ch2);
}
```

◎ 输出结果

```
a,b
97,98
```

小提示:

本程序中定义 ch1、ch2 为字符型，但在赋值语句中赋予整型值。从结果看，ch1、ch2 值的输出形式取决于 printf 函数格式串中的格式符，当格式符为“c”时，对应输出的变量值为字符，当格式符为“d”时，对应输出的变量值为整数。

【例 2.9】为字符变量赋字符值。

```
main()
{
  char c1,c2;
  c1='a';
  c2='b';
  c1= c1-32;
  c2= c2-32;
  printf("%c,%c\n%d,%d\n",c1,c2,c1,c2);
 }
```

◎ 输出结果

```
A,B
65,66
```

小提示:

本例中，a、b 被说明为字符变量并赋予字符值，C 语言允许字符变量参与数值运算，即用字符的 ASCII 码值参与运算。由于大小写字母的 ASCII 码值相差 32，因此运算后把小写字母换成大写字母，然后分别以整型和字符型输出。

11. 各类数值型数据之间的混合运算

变量的数据类型是可以转换的。转换的方法有两种：一种是自动转换，另一种是强制转换。自动转换发生在不同数据类型的量混合运算时，由编译系统自动完成。

1）自动转换遵循的规则

（1）若参与运算量的类型不同，则先转换成同一类型，再进行运算。

（2）转换按数据长度增加的方向进行，以保证精度不降低。如 int 型和 long 型运算时，先把 int 量转成 long 型后再进行运算。

（3）所有的浮点运算都是以双精度进行的，即使仅含 float 单精度量运算的表达式，也要先转换成 double 型，再做运算。

（4）char 型和 short 型参与运算时，必须先转换成 int 型。

（5）在赋值运算中，赋值号两边量的数据类型不同时，赋值号右边量的类型将转换为左边量的类型。当右边量的数据类型长度比左边长时，将丢失一部分数据，这样会降低精度，丢失的部分按四舍五入向前舍入。

【例 2.10】变量的混合运算。

```
main(){
  float PI=3.14159;
  int s,r=6;
  s=r*r*PI;
  printf("s=%d\n",s);
}
```

◎ 输出结果

```
s=113
```

小提示：

本例程序中，PI 为实型，s、r 为整型。在执行 s=r*r*PI 语句时，r 和 PI 都转换成 double 型的量进行计算，结果也为 double 型。但由于 s 为整型，故赋值结果仍为整型，舍去了小数部分。

2）强制类型转换

强制类型转换是通过类型转换运算来实现的。其一般形式为：

(类型说明符)　(表达式)

其功能是把表达式的运算结果强制转换成类型说明符所表示的类型。

例如：

```
(float) a              //把a转换为实型
    (int)(x+y)         //把x+y的结果转换为整型
```

在使用强制转换时应注意以下问题。

（1）类型说明符和表达式都必须加括号(单个变量可以不加括号)，如把(int)(x+y)写成(int)x+y 就是把 x 转换成 int 型之后再与 y 相加。

（2）无论是强制转换还是自动转换，都只是为了本次运算的需要而对变量的数据长度进行的临时性转换，而不改变数据说明时对该变量定义的类型。

【例 2.11】强制类型转换示例。

```
main(){
  float a=2.78;
  printf("(int)a=%d,a=%f\n",(int)a,a);
```

```
}
```

◎ 输出结果

```
<int>a=2,a=2.780000
```

本例表明，a 虽强制转为 int 型，但只在运算中起作用，是临时的，而 a 本身的类型并不改变。因此，(int)a 的值为 2(删除了小数)，而 a 的值仍为 2.78。

12. 运算符和表达式

C 语言程序由若干条语句组成，每条语句由变量、运算符、表达式、函数调用和控制部分等构成。C 语言中运算符和表达式数量之多，在高级语言中是少见的。正是丰富的运算符和表达式使得 C 语言功能十分完善。这也是 C 语言的主要特点之一。

C 语言的运算符不仅具有不同的优先级，还具有结合性。在表达式中，各运算量参与运算的先后顺序不仅要遵守运算符优先级别的规定，还要受运算符结合性的制约，以便确定是自左向右进行运算还是自右向左进行运算。下面来介绍语句中最基本的元素：运算符和表达式。

C 语言的运算符可分为以下几类。

（1）算术运算符：用于各类数值运算，包括加(+)、减(-)、乘(*)、除(/)、求余(或称模运算，%)、自增(++)、自减(--)，共 7 种。

（2）关系运算符：用于比较运算，包括大于(>)、小于(<)、等于(==)、 大于等于(>=)、小于等于(<=)和不等于(!=)，共 6 种。

（3）逻辑运算符：用于逻辑运算，包括与(&&)、或(||)、非(!)三种。

（4）位操作运算符：参与运算的量，按二进制位进行运算，包括位与(&)、位或(|)、位非(~)、位异或(^)、左移(<<)、右移(>>)，共 6 种。

（5）赋值运算符：用于赋值运算，分为简单赋值(=)、复合算术赋值(+=、-=、*=、/=、%=)和复合位运算赋值(&=、|=、^=、>>=、<<=)3 类共 11 种。

（6）条件运算符：这是一个三目运算符，用于条件求值(?：)。

（7）逗号运算符：用于把若干表达式组合成一个表达式(，)。

（8）指针运算符：用于取内容(*)和取地址(&)两种运算。

（9）求字节数运算符：用于计算数据类型所占的字节数(sizeof)。

（10）特殊运算符：括号()下标[]成员(→、.)等几种。

13. 算术运算符和算术表达式

1）基本的算术运算符

基本的算术运算符如表 2.5 所示。

表 2.5　基本的算术运算符

优先级	运算符	运算	结合方向	举例
1	()			7/（5-3）=1
1	+	单目不变	自右向左	4*+2=8
1	-	单目取负	自右向左	4*-2=-8
2	*	乘	自左向右	4*2=8

续表

优先级	运算符	运算	结合方向	举例
2	/	除	自左向右	4/2=2
2	%	模除	自左向右	4%2=0
3	+	加	自左向右	4+2=6
3	-	减	自左向右	4-2=2

【例 2.12】运算符应用举例。

```
main(){
 printf("\n\n%d,%d\n",31/8,-31/8);
 printf("%f,%f\n",31.0/8,-31.0/8);
}
```

◎ 输出结果

```
3 -3
3.857000，3.875000
```

小提示:

本例中，31/8、−31/8 的结果均为整型，小数全部舍去。而 31.0/8 和−31.0/8 由于有实数参与运算，因此结果也为实型。

（1）求余运算符(模运算符)“%”: 双目运算，具有左结合性，要求参与运算的量均为整型。求余运算的结果等于两数相除后的余数。

（2）模除运算是两个整数相除后取余数，要求“%”的两边必须是整型数据。

（3）若算术运算符两边均为整数，则结果仍为整数，如 7/2=2。

（4）若参与运算的两个数中有一个数为实数，则结果为 double 型。

（5）每个运算符都有一个优先级，如乘法与除法的优先级高于加法与减法。

2）算术表达式和运算符的优先级和结合性

表达式是由常量、变量、函数和运算符组合起来的式子。表达式求值按运算符的优先级和结合性规定的顺序进行。单个的常量、变量、函数可以看做表达式的特例。

算术表达式是由算术运算符和括号连接起来的式子。

(1) 算术表达式：用算术运算符和括号将运算对象（也称操作数）连接起来的、符合 C 语法规则的式子。

以下是算术表达式的例子：

```
a+b
(d*2) / c
(x+r)*6-(a+b) / 9
++I
sin(x)+sin(y)
(++i)-(j++)+(k--)
```

(2) 运算符的优先级：C 语言中，运算符的运算优先级共分为 15 级。1 级最高，15 级最低。在表达式中，优先级较高的先于优先级较低的进行运算。而当一个运算量两侧的运算符优先级相同时，按运算符的结合性所规定的结合方向处理。

3）运算符的结合性

C 语言中各运算符的结合性分为两种，即左结合性(自左至右)和右结合性(自右至左)。例如，算术运算符的结合性是自左至右的，即先左后右。

4）强制类型转换运算符

其一般形式如下：

```
(类型说明符) (表达式)
```

其功能是把表达式的运算结果强制转换成类型说明符所表示的类型。

例如：

```
(float) a           //把 a 转换为实型
(int)(x+y)          //把 x+y 的结果转换为整型
```

5）自增、自减运算符

自增 1 、自减 1 运算符：自增 1 运算符记为“++”，其功能是使变量的值自增 1；自减 1 运算符记为“--”，其功能是使变量值自减 1。

自增 1、自减 1 运算符均为单目运算，都具有右结合性。其有以下几种形式。

++i：　i 自增 1 后再参与其他运算。

--i：　i 自减 1 后再参与其他运算。

i++：　i 参与运算后，i 的值再自增 1。

i--：　i 参与运算后，i 的值再自减 1。

在理解和使用上容易出错的是 i++和 i--。特别是当它们出现在较复杂的表达式或语句中时，常常难以弄清，因此应仔细分析。

【例 2.13】 自增运算符的应用

```
int main()
{
 int m=3,n=4,x;
 x=m++;
 ++n;
 x=x+8/n;
 printf("%d,%d\n",x,m);
 return 0;
}
```

◎ 输出结果

```
4, 4
```

14. 赋值运算符和赋值表达式

1）赋值运算符

简单赋值运算符和表达式：简单赋值运算符记为“=”。由“= ”连接的式子称为赋值表达式。其一般形式如下：

```
变量=表达式
```

例如：

```
x=a+9
```

赋值表达式的功能是计算表达式的值再赋予左边的变量。赋值运算符具有右结合性。因此，a=b=c=6 可理解为 a=(b=(c=6))。

在其他高级语言中，赋值构成了一个语句，称为赋值语句。而在 C 中，把“=”定义为运算符，从而组成赋值表达式。凡是表达式可以出现的地方均可出现赋值表达式。

虽然赋值号“=”是一个运算符，但由于它的操作是将右边表达式的值赋给左边的变量，因此，要求赋值号“=”的左边必须是一个变量，而不能是常量或表达式。例如，3=x/2; 'A'=a+1; a+b=2；都是错误的。

2）类型转换

如果赋值运算符两边的数据类型不相同，则系统将自动进行类型转换，即把赋值号右边的类型转换成左边的类型。具体规定如下。

（1）实型赋予整型，舍去小数部分。前面的例子已经说明了这种情况。

（2）整型赋予实型，数值不变，但将以浮点形式存放，即增加小数部分（小数部分的值为 0）。

（3）字符型赋予整型，由于字符型为一个字节，而整型为两个字节，故将字符的 ASCII 码值放到整型量的低八位中，高八位为 0。整型赋予字符型，只把低八位赋予字符量。

3）复合的赋值运算符

在赋值符“=”之前加上其他二目运算符可构成复合赋值符。如+=，-=，*=，/=，%=，<<=，>>=，&=，^=，|=。

构成复合赋值表达式的一般形式如下：

```
变量  双目运算符=表达式
```

它等效于

```
变量=变量 运算符 表达式
```

例如：

```
a+=8        //等价于a=a+8
x*=y+6      //等价于x=x*(y+6)
r%=u        //等价于r=r%u
```

复合赋值符的这种写法，初学者可能不习惯，但十分有利于编译处理，能提高编译效率并产生质量较高的目标代码。

15. 逗号运算符和逗号表达式

在 C 语言中，逗号“,”也是一种运算符，称为逗号运算符。其功能是把两个表达式连接起来组成一个表达式，称为逗号表达式。

其一般形式如下：

```
表达式1，表达式2
```

其求值过程是分别求两个表达式的值，并以表达式 2 的值作为整个逗号表达式的值。

【例 2.14】

```
main(){
  int a=4,b=6,c=8,x,y;
  y=(x=a+b),(b+c);
  printf("y=%d,x=%d",y,x);
}
```

◎ 输出结果

```
y=10,x=10
```

小提示:

（1）逗号表达式一般形式中的表达式 1 和表达式 2 也可以是逗号表达式，形成了嵌套情形。

（2）程序中使用逗号表达式，通常是要分别求逗号表达式内各表达式的值，并不一定要求整个逗号表达式的值。

（3）并不是在所有出现逗号的地方都组成逗号表达式，如在变量说明中，函数参数表中逗号只是用做各变量之间的间隔符。

任务 2.2　C 语句的作用和分类

C 程序的执行部分是由语句组成的。程序的功能也是由执行语句实现的。

C 语句分为以下 5 类。

① 控制语句：if、switch、for、while、do…while、continue、break、return、goto 等。

② 函数调用语句。

③ 表达式语句。

④ 空语句。

⑤ 复合语句。

（1）表达式语句：表达式语句由表达式加上分号“;”组成。

其一般形式如下：

```
表达式;
```

执行表达式语句就是计算表达式的值。

例如：

```
a=b+c;       //赋值语句
a+b;         //加法运算语句，但计算结果不能保留，无实际意义
i++;         //自增1语句，i值增1
```

（2）函数调用语句：由函数名、实际参数加上分号“;”组成。

其一般形式如下：

```
函数名(实际参数表);
```

执行函数语句就是调用函数体并把实际参数赋予函数定义中的形式参数，然后执行被调函数体中的语句，求取函数值（在后面函数中再详细介绍）。

例如：

```
printf("hello world!");//调用库函数，输出字符串
```

（3）控制语句：控制语句用于控制程序的流程，以实现程序的各种结构方式。它们由特定的语句定义符组成。C 语言有九种控制语句，可分成以下三类。

① 条件判断语句：if 语句、switch 语句；

② 循环执行语句：do…while 语句、while 语句、for 语句。

③ 转向语句：break 语句、goto 语句、continue 语句、return 语句。

（4）复合语句：把多个语句用括号{}括起来组成的一个语句。

在程序中应把复合语句看做单条语句，而不是多条语句。

例如：

```
{ x=y+z;
  a=b+c;
  printf("%d%d", x, a);
}
```

就是一条复合语句。

复合语句内的各条语句都必须以分号“;”结尾，在括号“}”外不能加分号。

（5）空语句：只有分号“;”组成的语句称为空语句。空语句是什么也不执行的语句。在程序中，空语句可用来作为空循环体。

例如

```
while(getchar()!='\n')
           ;
```

此语句的功能：只要从键盘输入的字符不是回车就重新输入。

这里的循环体为空语句。

求 $ax^2+bx+c=0$ 方程的根

案例描述

（1）求 $ax^2+bx+c=0$ 方程的根，a、b、c 由键盘输入。

（2）设 $b^2-4ac>0$。

求根公式为

$$x_1=\frac{-b+\sqrt{b^2-4ac}}{2a}，\quad p=\frac{-b}{2a}$$

令 $q=\dfrac{\sqrt{b^2-4ac}}{2a}$，则 $x_1=p+q$，$x_2=p-q$。

案例分析

（1）定义变量和常量。

（2）格式输入函数、格式输出函数的应用。

（3）赋值语句的应用。

（4）运算符的应用。

编写程序

```
#include<math.h>
```

```
main()
{
  float a,b,c,disc,x1,x2,p,q;
  scanf("a=%f,b=%f,c=%f",&a,&b,&c);
  disc=b*b-4*a*c;
  p=-b/(2*a);
  q=sqrt(disc)/(2*a);
  x1=p+q;x2=p-q;
  printf("\nx1=%5.2f\nx2=%5.2f\n",x1,x2);
}
```

调试程序

```
输入：1.0，2.0，1.0
输出：x1=1.00,x2=1.00
```

任务 2.3　数据的输入/输出语句

在 C 语言中，所有的数据输入/输出都是由库函数完成的。在使用 C 语言库函数时，要用预编译命令#include 将有关“头文件”包括到源文件中。

使用标准输入/输出库函数时要用到“stdio.h”文件，因此源文件开头应有以下预编译命令：

```
#include <stdio.h>
```

或者

```
#include "stdio.h"
```

stdio 是 standard input & output 的意思。

考虑到 printf 和 scanf 函数使用频繁，系统允许在使用这两个函数时不加#include <stdio.h>或者#include "stdio.h"。

1. getchar 函数

getchar 函数（键盘输入函数）的功能是从键盘上输入一个字符。

其一般形式如下：

```
getchar();
```

通常给输入的字符赋予一个字符变量，构成赋值语句，例如：

```
char c;
c=getchar();
```

2. putchar 函数

putchar 函数是字符输出函数，其功能是在显示器上输出单个字符。

其一般形式如下：

```
putchar(字符变量);
```

例如：

```
    putchar(s);      //输出字符变量s的值
putchar('\101');    //(也是输出字符A
```

对控制字符则执行控制功能，不在屏幕上显示。

使用本函数前必须用文件包含命令，如

```
#include <stdio.h>
```

或者

```
#include "stdio.h"
```

【例 2.15】输入单个字符。

```
#include<stdio.h>
void main(){
  char c;
  printf("input a character\n");
  c=getchar();
  putchar(c);
}
```

◎ 调试程序

```
输入：c
输出：c
```

【例 2.16】输出单个字符。

```
#include<stdio.h>
main(){
  char a='B',b='o',c='k';
  putchar(a);putchar(b);putchar(b);putchar(c);putchar('\t');
  putchar(a);putchar(b);
  putchar('\n');
  putchar(b);putchar(c);
 }
```

◎ 输出结果

```
Book    Bo
ok
```

使用输入/输出函数还应注意以下几个问题。

（1）getchar 函数只能接收单个字符，输入数字也按字符处理。输入多于一个字符时，只接收第一个字符。

（2）使用本函数前必须包含文件“stdio.h”。

（3）在 TC 屏幕下运行含本函数的程序时，将退出 TC 屏幕并进入用户屏幕等待用户输入。输入完毕再返回 TC 屏幕。

（4）程序最后两行可用下面两行中的任意一行代替：

```
putchar(getchar());
printf("%c",getchar());
```

3. printf 函数

printf 函数称为格式输出函数，其关键字最末一个字母 f 即为“格式”(format)之意。

其功能是按用户指定的格式，把指定的数据显示到显示器屏幕上。在前面的例题中已多次使用过这个函数。

printf 函数是一个标准库函数，它的函数原型在头文件“stdio.h”中。但作为一个特例，不要求在使用 printf 函数之前必须包含 stdio.h 文件。

printf 函数调用的一般形式如下：

```
printf(“格式控制字符串”，输出表列)
```

其中，格式控制字符串用于指定输出格式。格式控制字符串可由格式字符串和非格式字符串组成。格式字符串是以%开头的字符串，在%后面跟有各种格式字符，以说明输出数据的类型、形式、长度、小数位数等。例如：

“%d”表示按十进制整型输出；

“%ld”表示按十进制长整型输出；

“%c”表示按字符型输出等。

非格式字符串在输出时原样输出，在显示中起提示作用。

输出表列中给出了各个输出项，要求格式字符串和各输出项在数量和类型上一一对应。

【例 2.17】 格式输出函数的应用举例。

```
#include <stdio.h>
int main()
{
  int c1,c2;
  c1=97;
  c2=98;
  printf("c1=%c,c2=%c\n",c1,c2);
  printf("c1=%d, c2=%d\n",c1,c2);
  return 0;
}
```

◎ **输出结果**

```
c1=a,c2=b
c1=97,c2=98
```

本例中 2 次输出了 c1,c2 的值，但由于格式控制串不同，输出的结果也不相同。在输出语句格式控制串中，两个格式串%c 之间加了非格式字符逗号，所以输出的 c1,c2 值之间有一个逗号间隔。

在 C 中，格式字符串的一般形式如下：

```
[标志][输出最小宽度][.精度][长度]类型
```

其中，方括号[]中的项为可选项。

各项的意义介绍如下。

（1）类型：类型字符用于表示输出数据的类型，其格式符和意义如表 2.6 所示。

表 2.6　格式字符的意义

格式字符	意义
d	以十进制形式输出带符号整数（正数不输出符号）
o	以八进制形式输出无符号整数（不输出前缀 o）

续表

格式字符	意义
x,X	以十六进制形式输出无符号整数（不输出前缀 Ox）
u	以十进制形式输出无符号整数
f	以小数形式输出单、双精度实数
e,E	以指数形式输出单、双精度实数
g,G	以%f 或%e 中较短的输出宽度输出单、双精度实数
c	输出单个字符
s	输出字符串

（2）标志：标志字符为−、+、#、空格四种，其意义如表 2.7 所示。

表 2.7　标志字符的意义

标志	意义
-	结果左对齐，右边填空格
+	输出符号（正号或负号）
空格	输出值为正时冠以空格，为负时冠以负号
#	对 c、s、d、u 类无影响；对于 o 类，在输出时加前缀 o；对于 x 类，在输出时加前缀 0x；对于 e、g、f 类，当结果有小数时才给出小数点

（3）输出最小宽度：用十进制整数来表示输出的最少位数。若实际位数多于定义的宽度，则按实际位数输出；若实际位数少于定义的宽度，则补以空格或 0。

（4）精度：精度格式符以“.”开头，后跟十进制整数。本项的意义：如果输出数字，则表示小数的位数；如果输出的是字符，则表示输出字符的个数；若实际位数大于所定义的精度数，则截去超过的部分。

（5）长度：长度格式符为 h、l 两种，h 表示按短整型量输出，l 表示按长整型量输出。

【例 2.18】各种输出类型的举例。

```
main()
{
 int a=16;
 float b=123.1234567;
 double c=12345678.1234567;
 char d='p';
 printf("a=%d,%5d,%o,%x\n",a,a,a,a);
 printf("b=%f,%lf,%5.4lf,%e\n",b,b,b,b);
 printf("c=%lf,%f,%8.4lf\n",c,c,c);
 printf("d=%c,%8c\n",d,d);
}
```

◎ 输出结果

```
a=16,   16,20,10
b=123.123459, 123.123459,123.1235,1.231235e+002
c=12345678.1234567, 12345678.1234567, 12345678.1235
d=p,      p
```

小提示:

（1）以四种格式输出整型变量 a 的值，其中"%5d "要求输出宽度为 5，而 a 值为 16 只有两位，故补三个空格。

（2）以四种格式输出实型量 b 的值。其中"%f"和"%lf "格式的输出相同，说明"l"符对"f"类型无影响。"%5.4lf"指定输出宽度为 5，精度为 4，由于实际长度超过 5，故应该按实际位数输出，小数位数超过 4 位的部分被截去。

（3）输出双精度实数，"%8.4lf "由于指定精度为 4 位，故截去了超过 4 位的部分。

（4）输出字符量 d，其中"%8c "指定输出宽度为 8，故在输出字符 p 之前补加了 7 个空格。

使用 printf 函数时还要注意一个问题，即输出表列中的求值顺序。不同的编译系统不一定相同，可以从左到右，也可从右到左。Turbo C 是按从右到左进行的。请看以下例子。

【例 2.19】

```
#include <stdio.h>
main(){
  char a='a';
  printf("%c \n",++a);
printf("%c \n",a++);
}
```

◎ 输出结果

```
b
B
```

4．scanf 函数

scanf 函数称为格式输入函数，即按用户指定的格式从键盘上把数据输入到指定的变量之中。

scanf 函数是一个标准库函数，它的函数原型在头文件“stdio.h”中，与 printf 函数相同，C 语言也允许在使用 scanf 函数之前不必包含 stdio.h 文件。

scanf 函数的一般形式如下：

```
scanf(“格式控制字符串”，地址表列);
```

其中，格式控制字符串的作用与 printf 函数相同，但不能显示非格式字符串，也就是不能显示提示字符串。地址表列中给出了各变量的地址。地址是由地址运算符“&”后跟变量名组成的。

例如：

```
&a, &b
```

其分别表示变量 a 和变量 b 的地址。&是一个取地址运算符，&a 是一个表达式，其功能是求变量的地址。

【例 2.20】格式输入函数示例。

```
main(){
  int a,b,c;
  printf("input a,b,c\n");
```

```
    scanf("%d%d%d",&a,&b,&c);
    printf("a=%d,b=%d,c=%d",a,b,c);
}
```

◎ 调试程序

```
输入：3 4 5
输出：a=3,b=4,c=5
```

小提示：

（1）由于 scanf 函数本身不能显示提示串，故先用 printf 语句在屏幕上输出提示。

（2）在 scanf 语句的格式串中由于没有非格式字符在"%d%d%d"之间作为输入时的间隔，因此，在输入时要用一个以上的空格或回车键作为每两个输入数之间的间隔。

各项的意义如下。

（1）类型：表示输入数据的类型，其格式符和意义如表 2.8 所示。

表 2.8 输入数据类型

格式	字符意义
d	输入十进制整数
o	输入八进制整数
x	输入十六进制整数
u	输入无符号十进制整数
f 或 e	输入实型数（应用小数形式或指数形式）
c	输入单个字符
s	输入字符串

（2）“*”符：用于表示该输入项，读入后不赋予相应的变量，即跳过该输入值。

例如：

```
scanf("%d %*d %d",&a,&b);
```

当输入为 3　4　5 时，把 3 赋予 a，4 被跳过，5 赋予 b。

（3）宽度：用十进制整数指定输入的宽度（即字符数）。

例如：

```
scanf("%3d",&a);
```

输入：12345678。

输出：只把 123 赋予变量 a，其余部分被截去。

又如：

```
scanf("%4d%4d",&a,&b);
```

输入：12345678。

输出：将把 1234 赋予 a，而把 5678 赋予 b。

（4）长度：长度格式符为 l 和 h，l 表示输入长整型数据（如%ld）和双精度浮点数（如%lf）。h 表示输入短整型数据。

使用 scanf 函数还必须注意以下几点。

① scanf 函数中没有精度控制，例如，scanf("%5.2f",&a);是非法的，不能企图用此语句输入小数为 2 位的实数。

② scanf 中要求给出变量地址，如给出变量名则会出错。例如，scanf("%d",a);是非法的，应改为 scanf("%d",&a);。

③ 当输入多个数值数据时，若格式控制串中没有非格式字符作为输入数据之间的间隔，则可用空格、Tab 或回车作为间隔。C 编译在碰到空格、Tab、回车或非法数据（如对"%d"输入"12A"时，A 即为非法数据）时即认为该数据结束。

④ 在输入字符数据时，若格式控制串中无非格式字符，则认为所有输入的字符均为有效字符。

例如：

```
scanf("%c%c%c",&a,&b,&c);
```

输入：

```
d  e  f
```

则把'd'赋予 a，' ' 赋予 b，'e'赋予 c。

只有当输入 def 时，才能把'd'赋予 a，'e'赋予 b，'f'赋予 c。

如果在格式控制中加入空格作为间隔，例如：

```
scanf ("%c %c %c",&a,&b,&c);
```

则输入时各数据之间可加空格。

【例 2.21】 scanf 函数的应用。

```
main(){
  char a,b;
  printf("input character a,b\n");
  scanf("%c%c",&a,&b);
  printf("%c%c\n",a,b);
}
```

◎ 调试程序

```
输入：y u
输出：y
输入：yu
输出：yu
```

【例 2.22】

```
main(){
  char a,b;
  printf("input character a,b\n");
  scanf("%c %c",&a,&b);
  printf("\n%c%c\n",a,b);
 }
```

◎ 调试程序

```
输入：y u
输出：yu
输入：yu
输出：yu
```

⑤ 如果格式控制串中有非格式字符，则输入时也要输入该非格式字符。

例如：

```
scanf("%d,%d,%d",&a,&b,&c);
```

其中，用非格式符","作为间隔符，故输入时应为

1,2,3

又如：

```
scanf("a=%d,b=%d,c=%d",&a,&b,&c);
```

则输入应为

```
a=1,b=2,c=3
```

⑥ 当输入的数据与输出的类型不一致时，虽然编译能够通过，但结果将不正确。

【例 2.23】

```
main(){
  int a;
  printf("input a number\n");
  scanf("%d",&a);
  printf("%lf",a);
}
```

◎ 调试程序

```
输入：345
输出：0.000
```

◎ 程序分析

由于输入数据类型为整型，而输出语句的格式串中说明为实型，因此输出结果和输入数据不符。可改动程序如例 2.24 所示。

【例 2.24】

```
main(){
    long a;
    printf("input a long integer\n");
    scanf("%d",&a);
    printf("%d",a);
}
```

◎ 调试程序

```
输入：345
输出：345
```

当输入数据为整型后，输入、输出数据相等。

【例 2.25】

```
main(){
  int a;
  long b;
  float f;
  double d;
  char c;
printf("\nint: %d\nlong: %d\nfloat: %d\ndouble: %d\nchar: %d\n",sizeof(
```

```
a),sizeof(b),sizeof(f),sizeof(d),sizeof(c));
    }
```

◎ 输出结果

```
int: 4
Long: 4
float: 4
double: 8
char: 1
```

输出各种数据类型的字节长度。

任务 2.4　顺序结构程序设计举例

有了上面的基础，就可以顺利地编写简单的程序了，结构化程序有 3 种基本结构：顺序结构、选择结构、循环结构。顺序程序结构是最简单的一种程序结构。程序中所有的语句都是按自上而下的顺序执行的，不发生流程的跳转。下面用几个具体的例子来说明顺序结构程序设计方法。

【例 2.26】已知三角形的两边 a、b 及其夹角 ja，表示第三边 c 及面积 s。

【分析】根据三角形公式可知以下关系：

$$C=$$

$$S=$$

夹角必须是弧度，因此先把夹角转化成弧度。

```
#define pi 3.14159265

#include <math.h>

void main()
{
    float a,b,ja,c,s;
    scanf("%f &f %f",&a,&b,&ja);
    ja=ja*pi/180;
    c=sqrt(a*a+b*b-2*a*b*cos(ja));
    s=a*b*sin(ja)/2;
    printf("c=%.1f,s=%.1f\n",c,s);
}
```

◎ 调试程序

```
输入: 5 8 30
输出: c=4.4,s=10
```

【例 2.27】从键盘上输入半径 *r* 的值，然后计算圆的面积、周长、圆球的体积及圆球的表面积。

```
#include <stdio.h>
int main ()
{  float h,r,l,s,sq,vq,vz;
     float pi=3.141526;
     printf("请输入圆半径r：");
     scanf("%f,%f",&r);                  //要求输入圆半径r
     l=2*pi*r;                           //计算圆周长l
     s=r*r*pi;                           //计算圆面积s
     sq=4*pi*r*r;                        //计算圆球表面积sq
     vq=3.0/4.0*pi*r*r*r;                //计算圆球体积vq
     printf("圆周长为       l=%6.2f\n",l);
     printf("圆面积为       s=%6.2f\n",s);
     printf("圆球表面积为   sq=%6.2f\n",sq);
     printf("圆球体积为     v=%6.2f\n",vq);
  return 0;
 }
```

◎ 调试程序

```
输入：3
输出：圆周长为         l=18.85
      圆面积为         s= 28.27
      圆球表面积为     sq=113.09
      圆球体积为       v=63.62
```

【例 2.28】从键盘上输入 3 个整数，然后将它反向输出。

```
#include <stdio.h>
   main()
   {
      int n,a,b,c;
      scanf("%d",&n);
      a=n/100;
      b=(n/10)%10;
      c=n%10;
      printf("\n倒序输出结果为%d%d%d",c,b,a);
      getch();
   }
```

◎ 调试程序

```
输入123
输出：倒序输出结果为321
```

课后练习

一、下列常数中哪些是合法的 C 常量，哪些是非法的 C 常量？对合法者指出其类型，对非法者指出原因。

-0　　2^3　　-0x2al　　0x7g　　e3　　0003　　3.e-5　　'\n'　　$12.5e^2$

'105'　　3+5　　e　　2e5　　'AB'　　03E5　　7FF　　12345E　　1G3

二、选择题

1．已知 char a，int b，float c，double d，执行语句 c=a+b+c+d；后，变量 c 的数据类型是（　　）

A．char　　B．float　　C．int　　D．double

2．已知 int i=5；执行语句 i+=++i；后，i 的值是（　　）

A．10　　B．12

C．其他答案都不对　　D．11

3．已知 int x=5,y=5,z=5；执行语句 x%=y+z；后，x 的值是（　　）

A．0　　B．5　　C．6　　D．1

4．下列可以正确表示字符型常数的是（　　）

A．"\n"　　B．"a"　　C．'\t'　　D．297

5．字符串"\\\065a,\n"的长度是（　　）

A．6　　B．7　　C．5　　D．8

6．把算术表达式少？表示为一个 C 语言表达式，正确的写法是（　　）

A. -31.6*a*8+1.0/7*12　　B. -(31.6a*8.0+1.0/7.0)*12

C. -(31.6a*8+1/7)*12　　D. -(31.6*a*8+1.0/7)*12

7．温度华氏和摄氏的关系是 C=5(F-32)/9。已知 float C,F，由华氏温度求摄氏温度的正确赋值表达式是（　　）

A．三个表达式都正确　　B．C=5/9*(F-32)

C．C=5/9(F-32)　　D．C=5*(F-32)/9

8．已知 int x,y;double z;，则以下语句中错误的函数调用是（　　）

A．scanf ("%d,%lx,%le",&x,&y,&z)

B．scanf ("%x%*d%o",&x,&y)

C．scanf ("%x%o%6.2f",&x,&y,&z)

D．scanf ("%2d%d%lf",&x,&y,&z)

项目3

选择结构程序设计

计算机在执行程序时，通常是按照语句书写的顺序一行一行执行的，但是在实际情况中，经常遇到需要根据不同的条件来执行不同程序段的情况，即在程序执行时通过判断某一个变量或表达式的值，来决定执行哪些语句或者跳过哪些语句继续执行，这样的结构称为选择结构或分支结构。分支结构体现了程序的判断能力，具体地说，就是在程序执行中能依据运行时某些变量的值来确定某些操作是做还是不做，或者确定若干个操作中选择哪个操作来执行。选择结构有三种形式：单分支结构、双分支结构、多分支结构。C 语言为这三种结构分别提供了相应的语句，即 if 语句、if…else 语句、switch 语句。

两段函数求值

案例描述

利用分支结构求分段函数的值：编写程序输入 x 的值，求分段函数 $y=f(x)$的值。
函数表示如下：

$$y=\begin{cases}2x, x>0\\0, x\leqslant 0\end{cases}$$

案例分析

（1）分析函数的求解过程。
（2）变量的初始化。
（3）确定分支的条件。
（4）确定分支执行的语句。

编写程序

```
#include <stdio.h>
main( )
```

```
{
 int x, y;                    /*定义变量x和y*/
 printf("请输入x的值: ");
 scanf("%d", &x);             /*从键盘上输入x*/
 if(x>0)                      /*判断x的值是否大于0*/
     y=x*x;                   /*如果x>0, 则y= x2*/
 else                         /*如果x不大于0, 即x小于等于0*/
     y=0;                     /*如果x<=0, 则y=0*/
 printf("y=%d\n", y);         /*输出y的值*/
}
```

调试程序

```
请输入x的值: 0
y=0
```

任务 3.1　if 语句的各种形式和应用

1. if 语句的基本形式

格式：

```
if(表达式)  语句;
```

功能：计算表达式的值。如果为真（非 0），则执行“语句”，否则不执行语句。执行过程如图 3.1 所示。

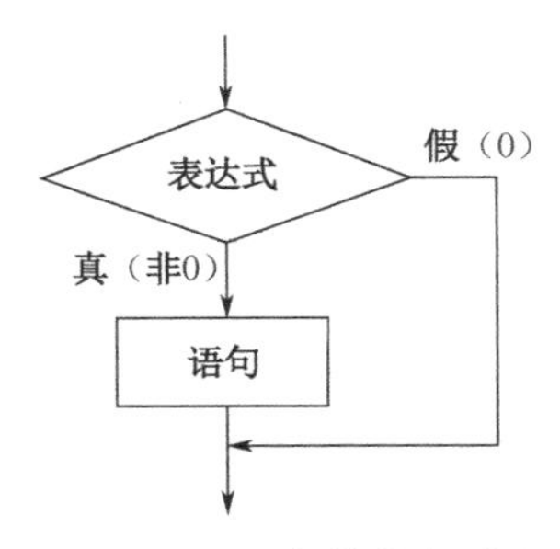

图 3.1　if 语句的执行过程

说明：

（1）表达式可以是任何类型的，常用的是关系或逻辑表达式。

（2）语句可以是任何可执行语句，也可以是另一个 if 语句（称为嵌套 if 语句）。

（3）语句可以是单一语句或复合语句，也可以是空语句。

【例 3.1】 输入一个字符，若是字母则输出“YES!”。

```
#include<stdio.h>
main()
{
    char c;
    printf("输入一个字符: ");
```

```
        scanf("%c",&c);
        if(c>='a'&&c<='z'||c>='A'&&c<='Z')
        printf("YES!\n");
    }
```

◎ 输出结果

```
输入一个字符：A
"YES! "
```

2. if…else 语句的基本形式

格式：

```
if(表达式) 语句1;
else  语句2;
```

功能：先计算表达式的值，如果为真（非 0）则执行“语句 1”，否则执行“语句 2”。执行过程如图 3.2 所示。

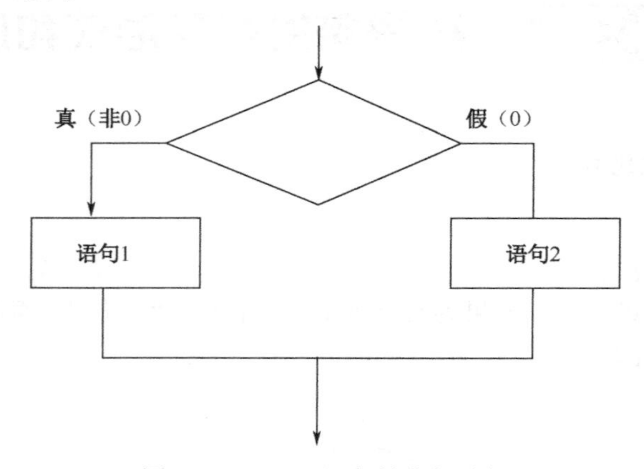

图 3.2　if…else 语句的执行过程

说明：

（1）表达式可以是任何类型的，常用的是关系表达式或逻辑表达式。

（2）“语句 1”和“语句 2”可以是任何 C 语言可执行语句，也可以是另一个 if…else 语句（称嵌套的 if…else 语句）。

（3）作为结构化程序的书写要求，通常都是将 else 及其后的语句 2 另起一行，并且使 else 和 if 对齐。

（4）语句 1 或语句 2 可以是单一语句或复合语句（当必须使用两个以上的语句时），也可以是空语句。

【例 3.2】随机输入两个数，输出其中的大数。

```
#include <stdio.h>
main( )
{
    int a, b;
    printf("input two numbers: ");
    scanf("%d%d", &a, &b);
```

```
    if(a>b)
         printf("%d 是最大数\n", a);
    else
         printf("%d 是最大数\n", b);
}
```

◎ 输出结果

```
input two numbers:  0 3
3是最大数
```

3. if…else…if 语句的基本形式

格式：

```
if(表达式1)    语句1;
     else if(表达式2) 语句2;
          else if(表达式3) 语句3;
                    …
                         else if(表达式m)  语句m;
                              else    语句n;
```

功能：首先计算表达式 1 的值，若表达式 1 的值为真（非 0），则执行语句 1，否则计算表达式 2 的值，若表达式 2 的值为真（非 0），则执行语句 2，否则计算表达式 3 的值，若表达式 3 的值为真（非 0），则执行语句 3，……所有的表达式的值都是 0 时，执行语句 n。

执行过程如图 3.3 所示。

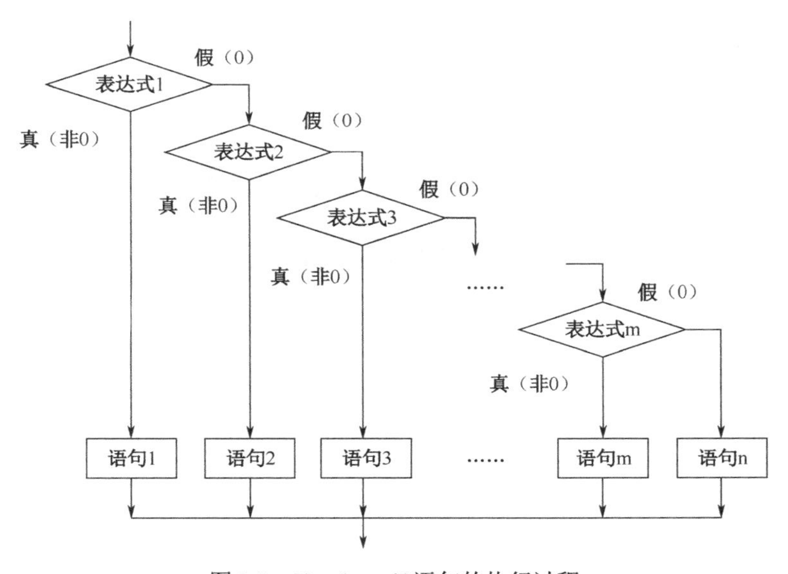

图 3.3 if…else…if 语句的执行过程

【例 3.3】从键盘上输入一个字符，判断该字符是数字、大写字母、小写字母还是其他字符。

```
#include  <stdio.h>
main( )
{   char c;
```

```
        printf("请输入一个字符： ");
        c=getchar();
        if(c>='0'&&c<='9')
            printf("%c是数字\n" ,c);
        else if(c>='A'&&c<='Z')
            printf("%c是大写字母\n",c);
          else if(c>='a'&&c<='z')
                printf("%c是小写字母\n",c);
              else
                  printf("%c是其他字符\n",c);
    }
```

◎ 输出结果

```
请输入一个字符： b
b是小写字母
```

if语句使用时的注意事项如下。

（1）在if语句中，条件判断表达式必须用括号括起来，在语句之后必须加分号。

（2）在三种形式的if语句中，条件判断表达式通常是逻辑表达式或关系表达式，但也可以是其他表达式，如算术表达式、赋值表达式等，甚至可以是一个变量。只要其值非0即为“真”，其值为0即为假。

（3）else子句（可选）是if语句的一部分，必须与if配对使用，不能单独使用。

（4）在if语句的三种形式中，所有的语句应为单个语句，如果想在满足条件时执行一组（多个）语句，则必须把这一组语句用{}括起来组成一个复合语句。但要注意的是，在{}之后不能再加分号。

任务3.2 关系表达式、逻辑表达式和条件表达式的运算

1. 关系运算符

关系运算符是双目运算符，要求参与运算的量是两个，关系运算符的作用就是判明参与运算的两个量的大小关系。注意，是判明大小关系，不是其他关系。关系运算符在使用时，它的两边都会有一个表达式，如变量、数值、加减乘除运算等，关系运算符的规则如表3.1所示。

注意：这里假设 x=−2。

1）关系运算符的优先级

（1）在关系运算符中，<、<=、>、>= 这4个运算符的优先级相同。

（2）==和!=运算符的优先级也相同，但比上述4个运算符优先级低。

（3）关系运算符的优先级低于算术运算符，但高于赋值运算符。

（4）关系运算符都是双目运算符，其结合性均为左结合。

表 3.1　关系运算符规则

运算符	含义	举例	值
<	小于	x<0	1
<=	小于或等于	x<=0	1
>	大于	x>−2	0
>=	大于或等于	x>=−2	1
==	等于	x==0	0
!=	不等于	x!=0	1

例如，表达式 x+y>x*y 等价于(x+y)>(x*y)。

2）关系表达式

关系表达式：用关系运算符将表达式连接起来的式子。

例如，a+b>c−d、>3/2、<=x<=5 等都是合法的关系表达式。

3）关系表达式的值

关系表达式的值只有真或假两种情况，关系表达式的值若为真，则结果为 1；若为假，则结果为 0。也就是说，关系表达式的值只有 0 和 1 两种，所有非 0 的值都认为是真，只有 0 是假。

例如：

x=(3>2)　　//x 的值为 1

x=(3<2)　　//x 的值为 0

关系运算符也可以嵌套使用，像 a>b>c 或者 a>(b>c)，但是要注意这样的关系表达式的值的计算方法。

例如，关系表达式 3>2>1 的值为 0：C 语言先判断 3>2 为真，值为 1，再判断 1>1 为假，所以整个表达式的值为 0。

若变量 a 中的值为 10，变量 b 中的值为 6，则关系表达式 a>b 的值为“真”，即为 1；而关系表达式(a>5)<(b>10)的值为“假”，即为 0。

若 x=10，则表达式 0<=x<=5 的值为 1。表达式 0<=x<=5 根据左结合性，等价于(0<=x)<=5。0<=x 的值为 1，1<=5 的值为 1。

可以通过一个 C 程序（例 3.4）的输出结果来查看关系表达式的值。

【例 3.4】编写程序将关系运算符的结果输出。

```
#include <stdio.h>
int main()
{
   char c='k';
   int i=1, j=2, k=3;
   float x=3e+5, y=0.85;
   int result_1 = 'a'+5<c, result_2 = x-5.25<=x+y;
   printf( "%d, %d\n", result_1, -i-2*j>=k+1 );
   printf( "%d, %d\n", 1<j<5, result_2 );
   printf( "%d, %d\n", i+j+k==-2*j, k==j==i+5 );
```

```
    return 0;
}
```

◎ 输出结果

```
1, 0
1, 1
0, 0
```

2. 逻辑运算符

在数学中已经学过逻辑运算，如 p 为真命题，q 为假命题，那么“p 且 q”为假，“p 或 q”为真，“非 q”为真。在 C 语言中，也有类似的逻辑运算。C 语言初学者中常用的逻辑运算符有非运算、与运算、或运算三种。

1）逻辑运算符的优先级

逻辑非的优先级最高，逻辑与次之，逻辑或最低，即! → && → ||。

与其他种类运算符的优先关系如下：! → 算术运算符→ 关系运算符→ &&→ || → 赋值运算符（&& 和 || 均为双目运算符，具有左结合性，! 为单目运算符，具有右结合性）。

2）逻辑运算符的运算规则

&&：当且仅当两个运算量的值都为“真”时，运算结果为“真”，否则为“假”。

||：当且仅当两个运算量的值都为“假”时，运算结果为“假”，否则为“真”。

!：当运算量的值为“真”时，运算结果为“假”；当运算量的值为“假”时，运算结果为“真”。

逻辑表达式的值只有“真”和“假”两种，用“1”和“0”来表示。

3）逻辑表达式

用逻辑运算符将表达式连接起来的式子称为逻辑表达式。逻辑运算的对象可以是 C 语言中任意合法的表达式。例如，!(a<b)、(a+b)&&(x=8)、(a=b)||(c+2)、'd'&&'c'、5&&3、5||0 都是正确的逻辑表达式。

4）逻辑表达式的值

逻辑表达式的运算规则如表 3.2 所示。逻辑表达式的值若为真，则结果为 1；若为假，则结果为 0。一切非 0 的值都为真，只有 0 为假。逻辑表达式的值只有 0 或 1。可以通过下面程序的输出结果来查看逻辑表达式的值。

表 3.2　逻辑运算符规则

运算符	含义	举例	值
!	逻辑非	!x	x=0 则!x 为 1；x=1 则!x 为 0
&&	逻辑与	x&&y	当 x 和 y 都为 1 时，x&&y 的值为 1；否则 x&&y 的值为 0
||	逻辑或	x||y	当 x 或 y 中有一个为 1 时，x||y 的值为 1；否则 x||y 的值为 0

【例 3.5】编写程序输出逻辑表达式的值。

```
#include <stdio.h>
int main(){
    char c='k';
```

```
    int i=1,j=2,k=3;
    float x=3e+5,y=0.85;
    printf( "%d,%d\n", !x*!y, !!!x );
    printf( "%d,%d\n", x||i&&j-3, i<j&&x<y );
    printf( "%d,%d\n", i==5&&c&&(j=8), x+y||i+j+k );
    return 0;
}
```

◎ 输出结果

```
0,0
1,0
0,1
```

在上面的程序中，!x 和!y 分别为 0，!x*!y 也为 0，故其输出值为 0。由于 x 为非 0，故!!!x 的逻辑值为 0。对于表达式 x|| i && j-3，先计算 j-3 的值为非 0，再求 i && j-3 的逻辑值为 1，故 x||i&&j-3 的逻辑值为 1。对于表达式 i<j&&x<y，由于 i<j 的值为 1，而 x<y 为 0，故表达式的值为 1，1 和 0 相与，最后为 0。对于表达式 i==5&&c&&(j=8)，由于 i==5 为假，即值为 0，该表达式由两个与运算组成，所以整个表达式的值为 0。对于逻辑表达式 x+y||i+j+k，由于 x+y 的值为非 0，故整个表达式的值为 1。

关系表达式也可以进行逻辑运算，来看下面的例子。

例如，表达式 1 为 x>=0 && x<=5：

当 x=10 时，由于 x>=0 为 1，x<=5 为 0，则 x>=0 && x<=5 的值为 0；

当 x=3 时，由于 x>=0 为 1，x<=5 为 1，则 x>=0 && x<=5 的值为 1；

当 x=-5 时，由于 x>=0 为 0，x<=5 为 1，则 x>=0 && x<=5 的值为 0。

又如，表达式 2 为 x<0||x>5：

当 x=10 时，x<0 为 0，x>5 为 0，则 x<0||x>5 的值为 1；

当 x=3 时，x<0 为 0，x>5 为 0，则 x<0||x>5 的值为 0；

当 x=-5 时，x<0 为 1，x>5 为 0，则 x<0||x>5 的值为 1。

注意：

（1）C 语言中逻辑量的真假判定的规则：0 为“假”，非 0 为“真”。

（2）在 C 语言中有逻辑运算的短路问题，例如，在计算 exp1 && exp2 或 exp1 || exp2 表达式时，为了提高计算效率，计算总是从左到右进行的，一旦能确定结果就终止计算。对于逻辑与运算，如果第一个操作数被判定为“假”，则系统不再判定或求解第二个操作数。对于逻辑或运算，如果第一个操作数被判定为“真”，则系统不再判定或求解第二个操作数。

【例 3.6】逻辑与运算短路示例。

```
#include <stdio.h>
int main()
{
   int a=5,b=6,c=7,d=8,m=2,n=2;
   (m=a>b)&&(n=c>d);
    printf("%d\t%d",m,n);
}
```

◎ 输出结果

```
0,2。
```

因为a>b为0，m=0，所以整个“与”逻辑判断为“假”，即后面的“c>d”被短路了，故n还是等于原来的2。

3．条件运算符与条件表达式

1）条件运算符

条件运算符由两个运算符组成：？和：。条件运算符要求有三个运算对象，称为三目运算符，是C语言中唯一的一个三目运算符。条件运算符优先于赋值运算符，但低于逻辑运算符、关系运算符和算术运算符。条件运算符的结合方向为“自右向左”。

2）条件表达式

用条件运算符连接起来的有意义的C语言表达式称为条件表达式。条件表达式的格式如下：

```
表达式1 ? 表达式2：表达式3
```

条件表达式的运算过程：先求解表达式1，若为非0（真）则求解表达式2，并将表达式2的值作为整个表达式的值，若表达式1的值为0（假），则求解表达式3，表达式3的值就是整个表达式的值。例如，表达式>b?a：(c>d?c:d)中，如果a=1，b=2，c=3，d=4，则表达式的值等于4。

【例3.7】编写一个程序，判断一个字符是否为大写英文字母，若是，则将其转换为小写英文字母。

```
main( )
{ char ch;
  scanf("%c",&ch);
  ch=(ch>='A'&& ch<='z'?ch+32: ch);
printf("%c\n",ch);
}
```

◎ 输出结果

```
A
a
```

输入数字，输出对应的英文单词

案例描述

使用多分支结构，编写程序实现输入星期数字，输出对应的星期，即Monday、…、Sunday等英文单词。

案例分析

（1）变量的初始化。
（2）确定分支的个数。
（3）确定分支的执行过程。

编写程序

```
#include <stdio.h>
main( )
{   int a;
    printf("input integer number: ");
    scanf("%d", &a);
    switch (a){
      case 1: printf("Monday\n"); break;
      case 2: printf("Tuesday\n"); break;
      case 3: printf("Wednesday\n"); break;
      case 4: printf("Thursday\n"); break;
      case 5: printf("Friday\n"); break;
      case 6: printf("Saturday\n"); break;
      case 7: printf("Sunday\n"); break;
      default: printf("Error\n");
    }
}
```

输出结果

```
input integer number:    5
Friday
```

任务 3.3　switch 语句的应用

switch 语句的一般形式如下：

```
switch(表达式)
  {
  case 常量表达式1:   语句组1;
 case 常量表达式2:     语句组2;
  …
  case 常量表达式n:   语句组n;
  default:   语句组n+1;
  }
```

功能：先计算表达式的值，并逐个与其后的常量表达式的值相比较，当表达式的值与某个常量表达式的值相等时，即执行其后的语句，直到遇到 break 语句为止。如果表达式的值与所有 case 后的常量表达式的值均不相同，则执行 default 后的语句。

执行过程如图 3.4 所示。

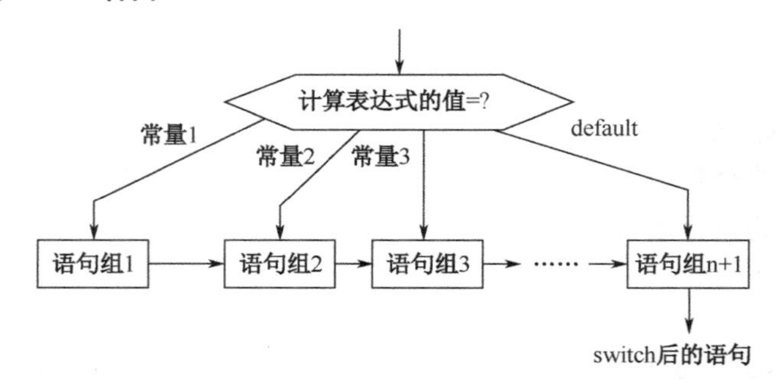

图 3.4 switch 语句的执行过程

【例 3.8】输入一个无符号短整数，然后按用户输入的代号，分别以十进制（代号 D）、八进制（代号 O）、十六进制（代号 X）数形式输出。

程序清单如下：

```
main()
{
 unsigned short x;
 char c;
 scanf("%d,%c",&x,&c);                /*输入一个无符号整数和代号*/
 switch(c)                            /*按输入的代号进行判断*/
 {
  case'D':  printf("%dD\n",x);        /*代号为D，则输出对应的十进制数*/
  break;
  case'O': printf("%oO\n",x);         /*代号为O，则输出对应的八进制数*/
  break;
  case'X': printf("%xX\n",x);         /*代号为X，则输出对应的十六进制数*/
  break;
  default:  printf("input error!\n"); /*代号错误提示*/
  }
}
```

◎ 输出结果

```
15, x
FX
```

switch 语句的规则如下。

（1）switch 后圆括号中的表达式及 case 后的常量表达式可以是整型或字符型的，也可以是枚举类型的。

（2）case 后的各常量表达式的值必须是唯一的，即不允许两个常量表达式的值相同。

（3）在 case 后允许有多个语句，并且可以不用{ }括起来，语句可以是任何 C 语言的可执行语句，也可以是另一个 switch 语句，或 if…else 语句。

【例 3.9】编写计算器程序。用户输入两个运算数和一个四则运算符，输出计算结果。

```
#include <stdio.h>
#include <math.h>
void main(void)
{    float a,b;
```

```
    char c;
    printf("输入表达式:  运算数<运算符>运算数\n");
    scanf("%f%c%f", &a, &c, &b);
    switch(c){
       case '+':  printf("%f\n", a+b); break;
       case '-':  printf("%f\n", a-b); break;
       case '*':  printf("%f\n", a*b); break;
       case '/':
               if(fabs(b)<=1e-6)
       printf("数据错误，除数不能为0! \n");
               else
        printf("%f\n",a/b);
               break;
       default:  printf("运算符只能是+, -, *, /! \n");
    }
}
```

◎ 输出结果

```
输入表达式:  运算数<运算符>运算数
5/2.5
2.000000
```

（4）break 是 C 语言的一种语句，其功能是中断正在执行的语句。在 switch 结构中的作用是，执行某个语句组后，将退出该 switch 语句。如果省略了 break 语句，则执行完某个语句组后，不再进行比较判断，将连续执行其后的所有语句组。

（5）各 case 和 default 子句的先后顺序可以变动，但有时会影响程序执行结果，default 子句可以省略不用。

（6）在书写格式上，所有的 case 对齐，每个 case 后的语句缩格并对齐，以便很容易地看出各个分支的条件依据和应执行的操作。

（7）允许将相同操作的 case 及对应的常量表达式连续排列，对应操作的语句组及 break 只在最后一个 case 处出现。其语句格式如下；

```
switch(表达式)
{ case 常量表达式 1:
  case 常量表达式 2:
  case 常量表达式 3:
      语句组1; break;
         ⋮
  case 常量表达式n-1:
  case 常量表达式 n :
      语句组n; break;
  default:
      语句组n+1;
  }
```

其中，表达式值等于常量表达式 1、2、3 时，执行的操作都是语句组 1；而表达式值等于常量表达式 n-1、n 时，执行的操作都是语句组 n。

【例 3.10】从键盘上输入一个百分制成绩 score，按下列原则输出其等级：score≥90 时，等级为 A；80≤score<90 时，等级为 B；70≤score<80 时，等级为 C；60≤score<70 时，等级为 D；score<60 时，等级为 E。

```
#include<stdio.h>
main()
{ int  score, grade;
  printf("Input a score(0~100):  ");
scanf("%d", &score);
  grade = score/10;
 /*将成绩整除10，转化成switch语句中的case标号*/
switch (grade)
{ case  10:
  case   9:  printf("grade=A\n"); break;
  case   8:  printf("grade=B\n"); break;
  case   7:  printf("grade=C\n"); break;
  case   6:  printf("grade=D\n"); break;
  case   5:
case   4:
  case   3:
  case   2:
  case   1:
  case   0:  printf("grade=E\n"); break;
  default:  printf("The  score  is  out  of  range!\n");
}
}
```

◎ 输出结果

```
Input a score(0~100):  85↙
grade=B
```

6 案例 三段函数求值

案例描述

计算下列分段函数，x 由键盘输入。

$$y=\begin{cases}0, & x<-1.0\\ 1, & -1.0\leqslant x\leqslant 1.0\\ 10, & x>1.0\end{cases}$$

案例分析

（1）确定分段函数的计算过程。

（2）确定变量的类型及变量初始化。

（3）确定分支的执行过程。

编写程序

```
#include <stdio.h>
main()
{
    int y;
    float x;
    printf("输入一个实数：");
    scanf("%f",&x);
    if(x<-1.0)
        y=0;
    else if (x>=-1.0&&x<=1.0)
        y=-1;
    else
        y=10;
    printf("y=%d\n",y);
}
```

输出结果

```
输入一个实数：3
10
```

任务 3.4 选择结构的嵌套应用

1. if 语句的嵌套

在 if 语句中又包含一个或多个 if 语句，称为 if 语句的嵌套。if 语句嵌套的一般形式如下：

```
if(表达式1)
        if (表达式2)
           语句1;
        else
           语句2;
        else
        if (表达式3)
           语句3;
        else
           语句4;
```

执行过程如图 3.5 所示。

若表达式 1 为“真”，则执行 if 后嵌套的 if…else 语句，否则，执行 else 后的嵌套的 if…else 语句。

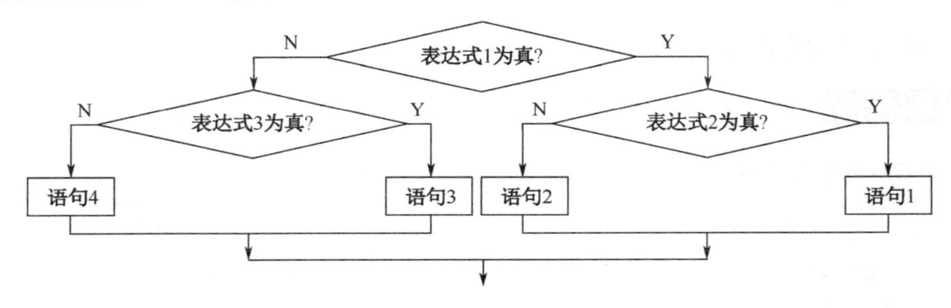

图 3.5　if 语句的嵌套

2. if 语句嵌套应注意的问题

（1）if 和 else 的配对问题，else 总是与它前面最近的、等待与 else 配对的 if 配对。

（2）if 语句的嵌套书写时多采用缩排格式，缩排书写的规则是语句要缩进一个或多个空格，同一级别的语句要对齐。

（3）else 语句应与其配对的 if 语句垂直对齐。

（4）大括号放在单独的一行中，以表明其包含的语句是一个语句块。

（5）每行只放一条语句。

【例 3.11】编写一个程序，求一元二次方程 $ax^2+bx+c=0$ 的根。

```
#include <stdio.h>
#include <math.h>
void main()
{  float a,b,c,d,r,p;              /* 定义单精度实型变量a,b,c,d,r,p */
   float x1,x2;                    /* 定义单精度实型变量x1,x2 */
   printf("input a,b,c=");         /* 输出提示信息 */
   scanf("%f,%f,%f",&a,&b,&c);     /*从键盘输入a,b,c的值 */
   if(fabs(a)<=1e-6)
     if(fabs(b)<=1e-6)
        printf("No answer!\n"); /* 若a,b等于0,则方程无解 */
     else
        printf("x=%f\n",-c/b);  /* 若a=0,b≠0,则方程有一个实根 */
else
{
    d=b*b-4*a*c;
    if(fabs(d)<=1e-6)
      printf("x1=x2=%f\n",-b/(2*a));
                 /* 若a≠0,b²-4ac=0,则方程有两个相等的实根*/
    else
    {
      if(d>1e-6)
       {
          x1=(-b+sqrt(d))/(2*a);
          x2=(-b-sqrt(d))/(2*a);
          printf("x1=%f\tx2=%f\n",x1,x2);
                /*若a≠0,b²-4ac>0，则方程有两个不相等的实根*/
       }
```

```
            else
            {
                r=-b/(2*a);
                p=sqrt(-d)/(2*a);
                        /* 若a≠0，b²-4ac<0，则方程有两个共轭复根 */
                printf("x1=%f+%fi\nx2=%f-%fi\n",r,p,r,p);
            }
        }
    }
}
```

◎ 输出结果

```
input a,b,c=2,6,1↙
x1=-0.177124    x2=-2.822876
input a,b,c=1,3,5↙
x1=-1.500000 + 1.658312i
x1=-1.500000 - 1.658312i
input a,b,c=2,4,2↙
x1=x2=-1.000000
input a,b,c=0,0,1↙
No answer!
```

3. switch 语句的嵌套

switch 语句是实现多分支的语句，switch 语句也可以嵌套使用，即在 case 后面的语句中也可以包含另一个 switch 语句结构。

switch 语句嵌套的一般形式如下：

```
switch（表达式1）
{ case 常量表达式1：语句1
  case 常量表达式2  switch（表达式2）
                    {  case 常量表达式1：语句3
                       case2常量表达式2：语句4
                       ⋮
                       case 常量表达式n：语句n
                       default 语句m
                    }
……
case 常量表达式n：语句n
default：语句m
}
```

执行过程：首先计算 switch 后面括号中表达式 1 的值，然后用此值依次与 case 后面的常量表达式的值进行比较，若表达式 1 的值与某一个常量表达式的值相等，则执行此 case 后面的语句，若表达式 1 的值与所有 case 后面的常量表达式的值都不相等，则执行 default 后面的语句 m。若执行的后面的语句是嵌套的 switch 语句，同样要先计算 switch 后面括号中的表达式的值，再依次与内层 case 后面的常量表达式的值进行比较，决定执行哪一部分的语句。其实际上和执行一个新的 switch 语句是一样的。

4．switch 语句嵌套中的 break 语句

case 后面的常量起的是语句标号的作用，程序并不在此进行判断，一旦 case 后面的常量与 switch 后面表达式的值相等，程序就从 case 后面的语句开始执行，而且执行完一个 case 后面的语句后，若没有遇到 break 语句，就自动进入下一个 case 执行，而不再判断 case 后面的常量和表达式的值是否相等，直到遇到 break 语句才会停止执行。所以要想执行完一个 case 分支之后，立即跳出 switch 语句，特别是嵌套的 switch 语句，就必须在 case 分支的最后添加 break 语句。特别要注意的是，在嵌套的 switch 语句中，break 语句跳出的是当前的 switch 语句，而不是整个 switch 语句，具体执行过程可以看下面的程序。

【例 3.12】 switch 语句的嵌套应用。

```
#include <stdio.h>
main( )
{ int a=3,b=9,c=6;
  switch(a>0)
    { case 1: switch (b<10)
        { case 1: printf("@");break;
          case 0: printf("!");break;
        }
      case 0:  switch (c==6)
         { case 0: printf("*");break;
           case 1: printf("#");break;
           default: printf("%%");break;
         }
      default: printf("&");
    }
  printf("\n");
}
```

◎ 输出结果

```
@#&
```

使用嵌套的 if 语句可以实现多分支的结构，但是在 if 语句嵌套层数较多的时候，程序变得非常复杂，容易产生错误且很难读懂，所以使用嵌套的 if 语句时，一般不超过 3 层嵌套。大于 3 层嵌套时，使用 switch 语句编写程序更方便，程序更易读易懂。在具体使用时，if…else 和 switch 语句可以相互嵌套，但要注意 if…else 的配对关系以及 case 后的语句执行。

一、选择题

1．逻辑运算符两侧运算对象的数据类型（　　）。

A．只能是 0 或 1

B．只能是 0 或非 0 正数

C．只能是整型或字符型数据

D．可以是任何类型的数据

2．以下关于运算符优先顺序的描述中，正确的是（ ）。

A．关系运算符<算术运算符<赋值运算符<逻辑与运算符

B．逻辑与运算符<关系运算符<算术运算符<赋值运算符

C．赋值运算符<逻辑与运算符<关系运算符<算术运算符

D．算术运算符<关系运算符<赋值运算符<逻辑与运算符

3．下列运算符中优先级最高的是（ ）。

A．< B．+ C．&& D．!=

4．当判断字符变量 c 的值不是数字也不是字母时，应采用的表达式是（ ）。

A．c<=48||c>=57&&c<=65||c>=90&&c<=97||c>=122

B．!(c<=48||c>=57&&c<=65||c>=90&&c<=97||c>=122)

C．c>=48&&c<=57||c>=65&&c<=90||c>=97&&c<=122

D．!(c>=48&&c<=57||c>=65&&c<=90||c>=97&&c<=122)

5．能正确表示“当 x 的取值在［1，100］和［200，300］内时为真，否则为假”的表达式是（ ）。

A．(x>=1)&&(x<=100)&&(x>=200)&&(x<=300)

B．(x>=1)||(x<=100)||(x>=200)||(x<=300)

C．(x>=1)&&(x<=100)||(x>=200)&&(x<=300)

D．(x>=1)||(x<=100)&&(x>=200)||(x<=300)

6．设 x、y 和 z 是 int 型变量，且 x=3，y=4，z=5，则下列表达式中值为 0 的是（ ）。

A．'x'&&'y' B．x<=y

C．x||y+z&&y-z D．!((x<y)&&!z||1)

7．已知 x=43，ch='A'，y=0，则表达式(x>=y&&ch<'B'&&!y)的值是（ ）。

A．0 B．语法错 C．1 D．"假"

8．设有 int a=1，b=2，c=3，d=4，m=2，n=2；执行(m=a>b)&&(n=c>d)后 n 的值为（ ）。

A．1 B．2 C．3 D．4

9．以下不正确的 if 语句形式是（ ）。

A．if(x>y&&x!=y);

B．if(x==y) x+=y;

C．if(x!=y) scanf("%d",&x) else scanf("%d",&y);

D．if(x<y) {x++; y++;}

10．已知 int x=10，y=20，z=30；以下语句执行后 x、y、z 的值是（ ）。

```
if(x>y) z=x; x=y; y=z;
```

A．x=10，y=20，z=30 B．x=20，y=30，z=30

C．x=20，y=30，z=10 D．x=20，y=30，z=20

11．以下 if 语句语法正确的是（ ）。

A．
```
if(x>0)
printf("%f",x)
else printf("%f",-x);
```

B. if(x>0)

```
{  x=x+y; printf("%f",x);          }
else printf("%f",-x);
```

C. if(x>0)

```
{  x=x+y; printf("%f",x);          };
else printf("%f",-x);
```

D. if(x>0)

```
{  x=x+y; printf("%f",x)           }
else printf("%f",-x);
```

12. 以下程序（　　）。

```
#include<stdio.h>
main()
 {    int a=5,b=5,c=0;
      if(a==b+c)  printf("***\n");
      else        printf("$$$\n");
 }
```

A. 有语法错误，不能通过编译　　B. 可以通过编译但不能通过连接

C. 输出***　　D. 输出$$$

13. 要求在 if 后一对圆括号中表示 a 不等于 0，能正确表示这一关系表达式的是（　　）。

A. a<>0　　B. !a　　C. a==0　　D. a

14. 下面程序的正确结果是（　　）。

```
#include <stdio.h>
main ()
{int a=2,b=-1,c=2;
  if (a<b)
    if(b<0)c=1;
    else
      c++;
 printf("%d\n",c);
 }
```

A. 0　　B. 1　　C. 2　　D. 3

15. 当 a=1，b=3，c=5，d=4 时，执行下面程序段后，x 的值是（　　）。

```
 if (a<b)
     if (c<d)
         x=1;
     else
         if(a<c)
            if(b<d)
               x=2;
            else x=3;
         else x=6;
 else x=7;
```

A. 1　　B. 2　　C. 3　　D. 6

16. 对以下程序的判断，正确的是（　　）。

```
#include <stdio.h>
void main ()
{int x,y;
  scanf("%d,%d",&x,&y);
  if (x>y)
      x=y;y=x;
  else
      x++;y++;
   printf("%d,%d",x,y);
}
```

A. 语法错误，不能通过编译

B. 若输入数据 3 和 4，则输出 4 和 5

C. 若输入数据 4 和 3，则输出 3 和 4

D. 若输入数据 4 和 3，则输出 4 和 4

17. 对下面程序的判断，正确的是（　　）。

```
#include <stdio.h>
 void main()
 {int x=0,y=0,z=0;
   if(x=y+z)
     printf("*******");
   else
     printf("######");
 }
```

A. 语法错误，不能通过编译

B. 输出******

C. 可以编译，但不能通过连接，因而不能运行

D. 输出######

18. 若有以下程序：

```
#include <stdio.h>
 main()
 {int x=100,a=10,b=20;
  int v1=5,v2=0;
  if(a<b)
if(b!=15)
  if(!v1)
    x=1;
  else
    if(v2)  x=10;
  x=-1;
  printf("%d \n",x);
}
```

则程序的运行结果是（　　）。

A. 100　　B. -1　　C. 1　　D. 10

19. 若有以下定义：

```
float x;int a,b;
```

则正确的 switch 语句是（　　）。

A.
```
switch(x)
{case 1.0: printf("*\n");
}
```

B.
```
switch(x)
{ case1,2: printf("*\n")'
  case3: printf("**\n")
}
```

C.
```
switch(a+b)
{case 1: printf("*\n");
 case 1+2: printf("**\n");
}
```

D.
```
switch(a+b)

{ case1: printf("*\n")'
  case2: printf("**\n")
}
```

20. 以下程序的运行结果是（　　）。

```
#include <stdio.h>
main()
{int x=1,y=0,a=0,b=0;
switch(x)
{case 1:
switch(y)
{case 0: a++;break;
case1: b++;break;
}
case 2: a++;b++;break;
case 3: a++;b++;
}
printf("a=%d,b=%d \n",a,b);
}
```

A. a=1,b=0　　B. a=2,b=1　　C. a=1,b=1　　D. a=2,b=2

21. 以下程序的运行结果是（　　）。

```
#include<stdio.h>
main()
{int k=1;
switch (k)
 {case 1:  printf("%d",k++);
case 2: printf("%d",k++);
case 3: printf("%d",k++);
case 4: printf("%d",k++);break;
default: printf("Full!\n");
}
}
```

A. 1　　B. 2　　C. 1234　　D. 2345

22. 若希望当 A 的值为奇数时，表达式的值为“真”，A 的值为偶数时，表达式的值为“假”，则以下不能满足要求的表达式是（　　）。

A. A%2==1　　B. !(A%2==0)　　C. !(A%2)　　D. A%2

23. 下列运算符中优先级最低的是（　　），优先级最高的是（　　）。

A. ?:　　B. &&　　C. +　　D. !=

24. 以下程序输出（　　）。

```
#include<stdio.h>
main()
{
    int a=5,b=0,c=0;
    if(a=b+c)   printf("***\n");
    else        printf("$$$\n");
}
```

A. 有语法错误不能通过编译　　B. 可以通过编译但不能通过连接

C. 输出***　　D. 输出$$$

25. 以下程序的运行结果是（　　）。

```
#include<stdio.h>
main()
{
    int m=5;
    if(m++>5)   printf("%d\n",m);
    else        printf("%d\n",m--);
}
```

A. 4　　B. 5　　C. 6　　D. 7

二、写出以下程序的运行结果

1. 仔细阅读以下程序，写出程序的运行结果。

```
#include<stdio.h>
main()
{ int a , b ;
  a = b = 5 ;
  if(a==1)
   if(b==5)
   {a+=b ;
    printf("a=%d\n ",a) ;
    }
   else
  {a-=b ;
   printf("a=%d\n",a) ;
    }
printf("a+b=%d",a+b) ;
}
```

程序运行结果：

2. 仔细阅读以下程序，写出程序的运行结果。

```
#include<stdio.h>
main()
{ int i =1 , j = 0 ,m = 1 ,n =2 ;
   switch(i++)
   {case 1 :  m++ ;n++ ;
    case 2 :  switch(++j)
       {case 1 :  m++ ;
        case 2 :  n++ ;
```

```
    }
              case 3 :  m++ ;n++ ;
                  break ;
              case 4 : m++ ;n++ ;
    }
    printf("m=%d,n=%d" , m ,n) ;
    }
```

程序运行结果：

3．写出以下程序的运行结果。

```
main()
 {        int a,b,c;
          int s,w,t;
          s=w=t=0;
          a=-1; b=3; c=3;
          if(c>0) s=a+b;
          if(a<=0)
          {
              if(b>0)
                  if(c<=0) w=a-b;
          }
          else if(c>0) w=a-b;
          else t=c;
          printf("%d %d %d",s,w,t);
 }
```

程序运行结果：

4．写出以下程序的运行结果。

```
 #include <stdio.h>
  main( )
 { int x,y=-2,z;
          if((z=y)<0) x=4;
            else if(y==0) x=5;
                else x=6;
                    printf("\t%d\t%d\n",x,z);
if(z=(y==0))   x=5;
                         x=4;
                      printf("\t%d\t%d\n",x,z);
          if(x=z=y) x=4;
                printf("\t%d\t%d\n",x,z);
  }
```

程序运行结果：

三、程序填空

1．以下程序用于计算某年某月有几天。其中，判别闰年的条件如下：能被4整除但不能被100整除的年份是闰年，能被400整除的年份也是闰年。请在下画线处填入正确内容。

```
#include "stdio.h"
main( )
```

```
    {
        int yy,mm,len;
        printf("year,month=");
        scanf("%d %d",&yy,&mm);
        switch(mm)
        {
            case 1:
            case 3:
            case 5:
            case 7:
            case 8:
            case 10:
            case 12:  ________; break;
            case 4:
            case 6:
            case 9:
            case 11:  len=30; break;
            case 2:
                if(yy%4==0&&yy%100!=0||yy%400==0) ______;
                else ______;
                break;
            default:  printf("input error"); break;
        }
         printf("the length of %d %d is %d\n",yy,mm,len);
        }
      }
```

2．以下程序用于对输入的四个整数按从小到大的顺序输出。请在下画线处填入正确内容。

```
#include "stdio.h"
main(   )
{  int t,a,b,c,d;
printf("input a,b,c,d:  ")
scanf("%d,%d,%d,%d",______);
if(a>b)  {    _______  }
if  (_____)  {t=a;a=c;c=t;}
if  (a>d)  {t=a;a=d;d=t;}
if  (_____)  {t=b;b=c;c=t;}
if  (b>d) {t=b;b=d;d=t;}
if  (c>d)  {t=c;c=d;d=t;}
printf("%d,%d,%d,%d",a,b,c,d);
 }
```

3．以下程序用于判断输入的整数 n 是否为偶数，若是，则输出 Yes；若不是，则输出 No。请填空。

```
main( )
 { int n;
printf("Enter integer n: \n");
____________
```

```
    if(________  ) printf("Yes");
  if(_________  ) printf("No");
  }
```

4. 以下程序用于判断a、b、c能否构成三角形，若能则输出YES，若不能则输出NO。当a、b、c输入三角形三条边长时，确定a、b、c能构成三角形的条件是需要同时满足三个条件：a+b>c，a+c>b，b+c>a。请填空。

```
main( )
{
float a,b,c;
scanf("%f%f%f",&a,&b,&c);

if(____________)printf("YES\n");
  else printf("NO\n");
}
```

四、编程题

1. 输入一个字符，编写程序判断该输入字符的种类____数字、字母或其他。

2. 有一函数：

$$y=\begin{cases} x, & x<1 \\ 2x-1, & 1.0\leqslant x\leqslant 10 \\ 3x-11, & x>10 \end{cases}$$

编写一程序，输入x，输出y。

3. 编写程序，解方程$ax^2+bx+c=0$。要求用switch语句实现。

4. 有三个整数a、b、c，由键盘输入，输出其中最大的数。

5. 给一个不多于5位的正整数，要求：①求出它是几位数；②分别输出每一位数字；③按逆序输出，如输入数字为321，则输出为123。

项目 4

循环结构程序设计

循环结构是程序中一种很重要的结构。其特点如下：在给定条件成立时，反复执行某程序段，直到条件不成立为止。给定的条件称为循环条件，反复执行的程序段称为循环体。C 语言提供了多种循环语句，可以组成不同形式的循环结构，如使用 while、do…while 语句、for 语句。

案例 7 编写程序求 1~100 中的整数的和

案例描述

利用循环语句求 1～100 中的整数的和。

案例分析

（1）变量的初始化。

（2）找出重复执行的部分，即循环体。

（3）明确循环结束的条件或者循环次数。

编写程序

```
main()
{
   int i,sum=0;
   i=1;
   while(i<=100)
        {
sum=sum+i;
         i++;
         }
   printf("%d\n",sum);
}
```

输出结果

```
5050
```

任务 4.1 while 循环、do…while 循环、for 循环语句

1．while 循环语句及其应用

while 语句的一般形式如下：

```
    while(表达式)
语句
```

其中，表达式是循环条件，语句为循环体。

while 语句的语义：计算表达式的值，当值为真（非 0）时，执行循环体语句。其执行过程可用图 4.1 表示。

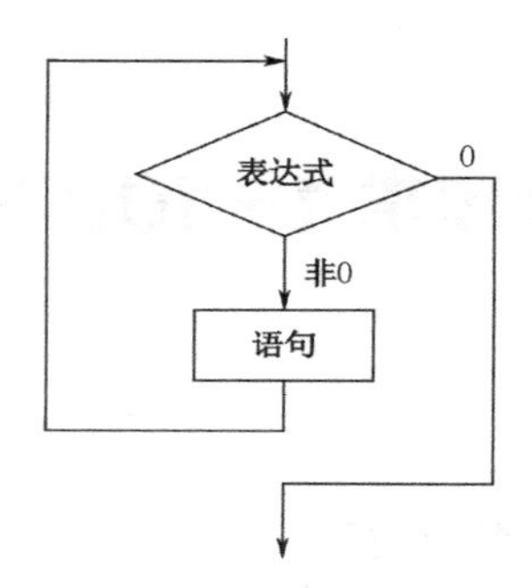

图 4.1 while 语句的执行过程

【例 4.1】编写程序，求 1～100 中整数的和并输出结果。

用流程图表示算法，如图 4.2 所示。

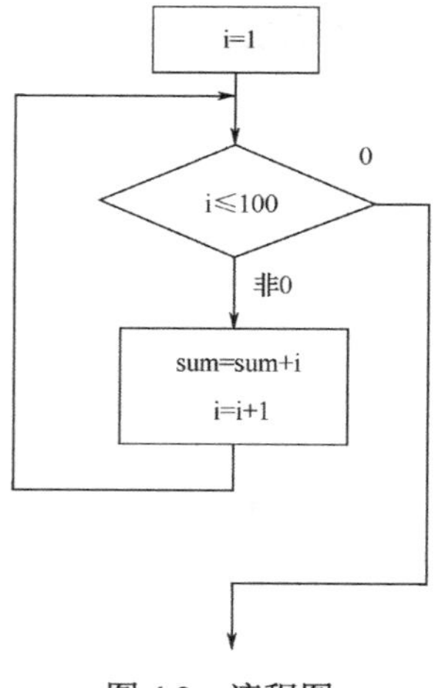

图 4.2 流程图

```
main()
{
  int i,sum=0;
  i=1;
  while(i<=100)
       {
sum=sum+i;
         i++;
       }
  printf("%d\n",sum);
}
```

【例 4.2】统计从键盘上输入一行字符的个数。

```
#include <stdio.h>
main(){
   int n=0;
   printf("input a string: \n");
   while(getchar()!='\n') n++;
   printf("%d",n);
}
```

此程序中的循环条件为 getchar()!='\n'，其意义是只要从键盘上输入的字符不是回车就继续循环。循环体 n++完成对输入字符个数的计数，从而程序实现了对输入一行字符的字符个数的计数。

使用 while 语句时应注意以下几点。

（1）while 语句中的表达式一般是关系表达式或逻辑表达式，只要表达式的值为真（非 0）即可继续循环。

【例 4.3】while 循环示例。

```
main(){
   int a=0,n;
   printf("\n input n:     ");
   scanf("%d",&n);
   while (n--)
     printf("%3d  ",a++*2);
}
```

若输入：5

则输出：0 2 4 6 8

思考：若输入 10，输出结果是什么呢?

本例程序将执行 n 次循环，每执行一次，n 值减 1。循环体输出表达式 a++*2 的值。该表达式等效于(a*2；a++)。

（2）循环体如包括一个以上的语句，则必须用{ }括起来，组成复合语句。

（3）在循环体中应有使循环趋向于结束的语句，以免形成死循环。

（4）允许循环体以空语句形式出现。

2．do…while 循环语句及其应用

do…while 语句的一般形式如下：

```
do
    语句
while(表达式);
```

此循环与 while 循环的不同在于：它先执行循环中的语句，再判断表达式是否为真，如果为真，则继续循环；如果为假，则终止循环。因此，do…while 循环至少要执行一次循环语句。其执行过程可用图 4.3 表示。

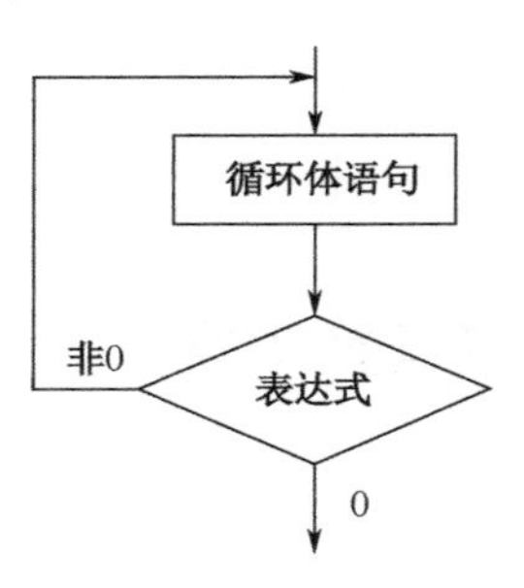

图 4.3 do…while 语句的执行过程

【例 4.4】用 do…while 语句求 1～100 中整数的和并输出结果。

用传统流程图表示算法，如图 4.4 所示。

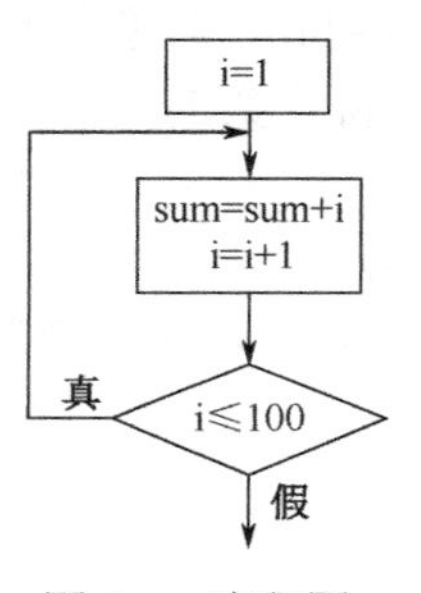

图 4.4 流程图

```
main()
{
  int i,sum=0;
  i=1;
  do
      {
sum=sum+i;
         i++;
        }
while(i<=100)
   printf("%d\n",sum);
}
```

同样，当有许多语句参与循环时，要用“{”和“}”把它们括起来。

【例 4.5】while 和 do…while 循环的比较。

（1）用 while 循环语句实现：

```
main()
{int sum=0,i;
 scanf("%d",&i);
```

```
    while(i<=10)
      {sum=sum+i;
       i++;
    }
   printf("sum=%d",sum);
   }
```

（2）用 do…while 循环语句实现：

```
   main()
   {int sum=0,i;
    scanf("%d",&i);
    do
      {sum=sum+i;
       i++;
   }
   while(i<=10);
   printf("sum=%d",sum);
   }
```

思考：当输入数据分别为 5 和 15 的时候，输出结果分别是什么？

说明：当循环条件开始就不成立时，while 循环中循环体一次也不执行，而 do…while 循环中循环体至少执行一次。

3. for 循环语句及其应用

在 C 语言中，for 语句使用最为灵活，它完全可以取代 while 语句。它的一般形式如下：

```
        for(表达式1；表达式2；表达式3)语句
```

它的执行过程如下。

（1）求解表达式 1。

（2）求解表达式 2，若其值为真（非 0），则执行 for 语句中指定的内嵌语句，然后执行步骤（3）；若其值为假（0），则结束循环，转到步骤（5）。

（3）求解表达式 3。

（4）转回步骤（2）继续执行。

（5）循环结束，执行 for 语句下面的一条语句。

其执行过程可用图 4.5 表示。

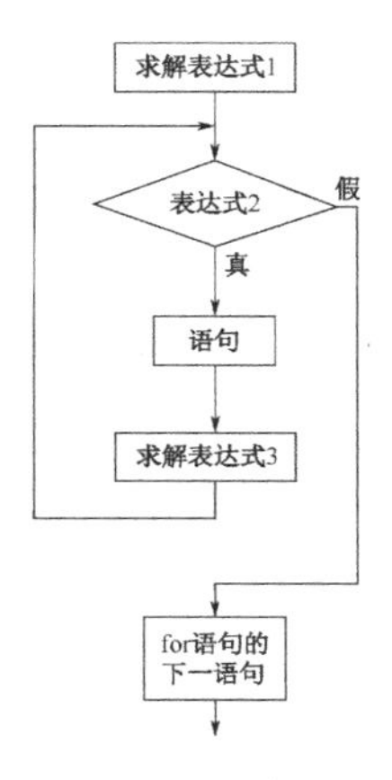

图 4.5　for 语句的执行过程

for 语句最简单的应用形式也是最容易理解的形式如下：

```
for(循环变量赋初值; 循环条件; 循环变量增量)语句
```

循环变量赋初值总是一个赋值语句，它用来给循环控制变量赋初值；循环条件是一个关系表达式，它决定什么时候退出循环；循环变量增量用来定义循环控制变量每循环一次后按什么方式变化。这三部分之间用“;”分开。

例如：

```
for(i=1; i<=100; i++)sum=sum+i;
```

先给 i 赋初值 1，判断 i 是否小于等于 100，若是则执行语句，之后值增加 1。再重新进行判断，直到条件为假，即 i>100 时，结束循环。

此语句相当于以下程序段：

```
 i=1;
while (i<=100)
    { sum=sum+i;
     i++;
}
```

对于 for 循环中语句的一般形式，其相当于如下 while 循环形式：

```
 表达式1;
while (表达式2)
    {语句
     表达式3;
}
```

注意：

（1）for 循环中的“表达式 1（循环变量赋初值）”、“表达式 2（循环条件）”和“表达式 3（循环变量增量）”都是选择项，即可以省略，但“;”不能省略。

（2）省略了“表达式 1（循环变量赋初值）”，表示不对循环控制变量赋初值。

（3）省略了“表达式 2（循环条件）”，则不做其他处理时会成为死循环。

例如，

```
    for(i=1;;i++)sum=sum+i;
```

相当于：

```
 i=1;
 while(1)
     {sum=sum+i;
      i++;}
```

（4）省略了“表达式 3（循环变量增量）”，则不对循环控制变量进行操作，此时可在语句体中加入修改循环控制变量的语句。

例如，

```
for(i=1;i<=100;)
{sum=sum+i;
     i++;}
```

（5）省略“表达式 1（循环变量赋初值）”和“表达式 3（循环变量增量）”。

例如，

```
for(;i<=100;)
{sum=sum+i;
```

```
    i++;}
```

相当于：

```
     while(i<=100)
         {sum=sum+i;
          i++;}
```

（6）3 个表达式都可以省略。

例如，

```
    for(; ; )语句
```

相当于：

```
    while(1)语句
```

（7）表达式 1 可以是设置循环变量的初值的赋值表达式，也可以是其他表达式。

例如，

```
        for(sum=0;i<=100;i++)sum=sum+i;
```

（8）表达式 1 和表达式 3 可以是一个简单表达式，也可以是逗号表达式。

```
    for(sum=0,i=1;i<=100;i++)sum=sum+i;
```

或者

```
          for(i=0,j=100;i<=100;i++,j--)k=i+j;
```

（9）表达式 2 一般是关系表达式或逻辑表达式，但也可以是数值表达式或字符表达式，只要其值非零，就执行循环体。

例如，

```
     for(i=0;(c=getchar())!='\n';i+=c);
```

又如，

```
     for(;(c=getchar())!='\n';)
         printf("%c",c);
```

4．三种循环的比较

（1）三种循环都可以用来处理同一问题，一般情况下它们可以互相代替。

（2）用 while 和 do…while 循环时，循环变量初始化的操作在 while 和 do…while 语句前完成；for 语句可以在表达式 1 中完成。

（3）while 和 do…while 循环只在 while 后面指定循环条件，且在循环体中应包含使循环趋于结束的语句；for 循环可以在表达式 3 中包含使循环趋于结束的操作，甚至可以将循环体中的操作全部放到表达式 3 中，这样功能会更强。

（4）while 和 for 循环是先判断表达式后执行语句，do…while 循环是先执行语句后判断表达式。

编写程序输出九九乘法表

案例描述

编写程序输出九九乘法表：

```
1
2   4
3   6   9
4   8  12  16
5  10  15  20  25
6  12  18  24  30  36
7  14  21  28  35  42  49
8  16  24  32  40  48  56  64
9  18  27  36  45  54  63  72  81
```

案例分析

（1）本例输出九九乘法表，观察结果可发现：每一行输出数的个数依次增加，共 9 行，因此可设置两个变量来控制循环。

（2）行数用 i 来控制，值从 1 到 9。

（3）列数用 j 来控制，值从 1 到 i。

编写程序

```
#include <stdio.h>
void main( )
{ int i,j;
for(i=1;i<=9;i++)
  {
      for(j=1;j<=i;j++)
      printf("%4d",i*j);
      printf("\n");
  }
}
```

任务 4.2 循环嵌套的使用

定义：一个循环体中又包含一个完整的循环结构，称为循环的嵌套。

说明：while 循环、do…while 循环和 for 循环都可以进行嵌套，而且可以相互嵌套。

三种循环的相互嵌套：

```
while ( )
 {…
  while ( )
  {…}
 }
while ( )
{…
 do {…}
```

```
do
{…
  do{…}
  while ( );
} while ( );
for ( ;  ; )
{…
  while ( )
```

```
for ( ; ;  )
{…
  for ( ; ; )
  {…}
}
do
{…
  for(; ;)
```

```
    while ( );
    …
  }
```

```
    {…}
    …
  }
```

```
    {…}
    …
  } while ( );
```

使用循环嵌套时应注意以下内容。

（1）要保证嵌套的每一层循环在逻辑上都是完整的，避免嵌套交叉使用。

（2）要保证循环到最后有一个跳出循环的条件，否则会产生死循环（嵌套循环中检查死循环错误相对来说比较困难）。

（3）在编程时，注意循环嵌套的书写最好用阶梯缩进的形式，可使程序层次分明。

【例 4.6】输出下列图形。

```
   *
  ***
 *****
*******
```

分析：图形中共 4 行*，可用变量 i 来控制行数的变化，用 j 来控制每行前面输出的空格个数（控制第 1 个*的输出位置），用 k 来控制每行的星号个数。

程序如下：

```
#include<stdio.h>
int main()
{
   int i,j,k;
   for(i=1;i<=4;i++)              /*先输出上边的四行*/
     {
     for(j=1;j<=4-i;j++)          /*控制要输出的空格数量*/
     printf(" ");
     for(k=1;k<=2*i-1;k++)        /*控制要输出的星号数*/
     printf("*");
     printf("\n");
}
```

判断整数 *m* 是否为素数

案例描述

输入一个整数 *m*，判断其是否为素数。

案例分析

所谓素数是指除了 1 和它本身以外，不能被任何整数整除的数，如 17 就是素数，因为它不能被 2～16 之间的任一整数整除。因此，判断一个整数 *m* 是否为素数，只需 *m* 被 2～*m*-1 之间的每一个整数去除，如果都不能被整除，那么 *m* 就是一个素数。

另外，判断方法还可以简化。m 不必被 2～m-1 之间的每一个整数去除，只需被 2～$\sqrt{m}$ 之间的每一个整数去除即可。如果 m 不能被 2～$\sqrt{m}$ 之间任一整数整除，则 m 必定是素数。例如，判别 17 是否为素数，只需使 17 被 2～4 之间的每一个整数去除即可，由于都不能整除，因此可以判定 17 是素数。

其流程图如图 4.6 所示。

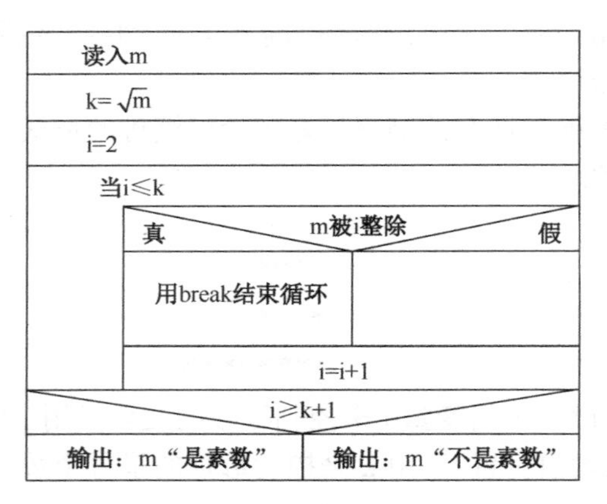

图 4.6　流程图

编写程序

```
#include <stdio.h>
void main( )
 {int m,i,k;
  scanf("%d",&m);
  k=m-1;
for (i=2; i<=k; i++)
   if (m%i==0) break;
if (i>=k+1) printf ("%d is a prime number.",m);
 else  printf ("%d is not a prime number.",m);
}
```

调试程序

```
输入：17
输出：17 is a prime number.
```

任务 4.3　break 语句、continue 语句的使用

break 和 continue 语句都可以用在循环中，用来跳出循环（结束循环）；break 语句在循环结构中起跳出循环体的作用，即终止本层循环。break 语句还可以用在 switch 语句中，用来跳出 switch 语句而执行 switch 后面的语句。

1. break 语句

当 break 语句用在 do…while、for、while 循环语句中时，可使程序终止循环而执行循环后面的语句，通常 break 语句总是与 if 语句配合使用，即满足条件时便跳出循环。

其一般形式如下：

```
break;
```

其功能如下。

（1）break 语句用在 switch 语句中，使流程跳出 switch 结构，继续执行 switch 语句后面的语句。

（2）break 语句用在循环体内，迫使所在循环立即终止（跳出当前循环体），继续执行循环体后面的第一条语句。

说明：break 语句不能用于循环语句和 switch 语句之外的任何其他语句中。

例如：

```
while()
 {…
  if( )
  break;
   …}
```

【例 4.7】把数 316 分为两个数之和，其中一个为 13 的倍数，另一个为 11 的倍数。

```
#include <stdio.h>
void main( )
{
 int i=0;
 for(;;i++)
   if(!((316-i*13)%11))break;

 printf("13*%d+11*%d=316\n", i, (316-13*i)/11);
}
```

【例 4.8】输出 100～200 内的全部素数。

```
#include <math.h>
#include <stdio.h>
void main( )
{int m,i,j;
 printf ("The prime numbers are: \n");
 for (m=101; m<200; m++)
   { j=sqrt(m);
     for (i=2; i<=j; i++)
       if (m%i==0) break;
     if (i>=j+1) printf ("%d ",m);
   }
}
```

2. continue 语句

continue 语句的作用是跳过循环体中剩余的语句而强行执行下一次循环。continue 语句只用在 for、while、do…while 等循环体中，常与 if 条件语句一起使用，用来加速循环。

其一般形式如下：

```
continue;
```

功能：结束本次循环（跳过循环体中尚未执行的语句），继续进行是否执行下一次循环的判定。

continue 和 break 的区别：continue 只结束本次循环，而非终止整个循环；break 结束所在循环，不再进行条件判断。

例如：

```
while( )
{ …
  if ( )
  continue;
 …}
```

【例 4.9】输出 100～200 内所有不能被 3 整除的数。

```
#include <stdio.h>
void main( )
{
 int n,count=0;
 for(n=100;n<=200;n++)
  {
    if(n%3==0)continue;
    printf("%4d",n);
    count++;
    if(count%10==0)printf("\n");
  }
}
```

break 和 continue 语句用法的示例如下。

break 的用法：

```
while(表达式1){
    ......
   if(表达式2)  break;
    ......
}
```

continue 的用法：

```
while(表达式1){
    ......
   if(表达式2)  continue;
    ......
}
```

【例 4.10】break 语句的应用。

```
#include <stdio.h>
int main(void){
   int i=0;
   char c;
   while(1){  /*设置循环*/
```

```
        c='\0';  /*为变量赋初值*/
        while(c!=13&&c!=27){  /*键盘接收字符直到按回车键或Esc键*/
            c=getch();
            printf("%c\n", c);
        }
        if(c==27)
            break;          /*判断，若按Esc键，则退出循环*/
        i++;
        printf("The No. is %d\n", i);
    }
    printf("The end");
    return 0;
}
```

注意：break 语句对 if…else 的条件语句不起作用；在多层循环中，一个 break 语句只向外跳出一层。

编程题

1．编写程序求 2^n，并输出结果。

```
#include <stdio.h>
void main( )
{
 int i=1,n;
 long int p=1;
 scanf("%d",&n);
 while(i<=n)
   { p*=2;i++; }
 printf("%d\n",p);
}
```

2．编程计算 1-1/2+1/3+…+1/9-1/10 的值。

```
#include <stdio.h>
void main( )
{int i=1,sign=1;float sum=0;
  while(i<=10)
  {sum=sum+1.0/i*sign;
    i++;
    sign=-sign; }
  printf("%f",sum);
 }
```

3．编写程序，将键盘输入字符中所有大写字母转换为小写字母，其他字符不变。

```
#include <stdio.h>
void main( )
```

```
{
 char c;
do
  {c=getchar( );
   if(c>='A'&&c<='Z')c+=32;
   putchar(c);
  }while(c!='\n');

}
```

4．编写满足 1+2+3+…+*n*<500 中最大的 *n* 并求其和的程序。

```
#include <stdio.h>
void main( )
{int n=0,sum=0;
   do
  {++n;
   sum+=n;}
  while (sum<500);
  printf("n=%d sum=%d\n", n-1, sum-n );
}
```

5．编写程序，输入一个字符并输出，直到输入回车符结束。

```
#include <stdio.h>
int main( )
{
    char c;
while(c!=13) /*不是回车符则循环*/
{
        c=getch();
        if(c==0X1B)
            continue; /*若按Esc键，则不输出并进行下次循环*/
        printf("%c\n", c);
    }

}
```

6．计算 *s*=1+2+3+…+*i*，直到累加到 *s* 大于 5000 为止，并给出 *s* 和 *i* 的值。

```
#include <stdio.h>
main()
{int i,s;
 s=0;
 for(i=1;s<=5000;i++) {s=s+i;}
 printf("s=%d,i=%d\n",s,i-1);
}
#include <stdio.h>
main()
{int i,s;
 s=0;
 for(i=1;;i++)
 {s=s+i;
```

```
    if(s>5000) break;
   }
  printf("s=%d,i=%d\n",s,i);
 }
```

项目 5

数　组

前面所学的都是基本类型的数据，对于简单的问题，用简单的数据类型处理即可，但对有些数据对象，用简单的数据类型还不能充分反映出数据的特性，从而对它们进行有效的操作。例如，要处理一个班 30 个学生的成绩信息，如果用普通的变量来代表 30 个学生的成绩，就要用 30 个变量，如 s1，s2，s3…。如果有 100 个学生呢？若用 100 个变量显然是很不方便的。在 C 程序中常根据需要定义数组，通过循环对数组中的元素进行操作，可以有效地处理大批量的数据，大大提高了工作效率，十分方便。

案例 10　一维数组的简单赋值和输出

案例描述

利用循环语句实现一维数组的简单赋值和输出。

案例分析

程序中第一个 for 循环使 a[0]～a[4]的值分别为 0～4，第二个 for 循环则顺序输出 a[0]～a[4]的值。

编写程序

```
main(   )
{
  int i,a[5];
  for(i=0;i<=4;i++)
  a[i]=i;
  for(i=0;i<=4;i++)
  printf("a[%d]=%d\n",i,i);
}
```

调试程序

```
a[0]=0
a[1]=1
a[2]=2
a[3]=3
a[4]=4
```

任务5.1 数组的概念

把具有相同类型的若干变量按有序的形式组织起来，这些按序排列的同类数据元素的集合称为数组。

在C语言中，数组属于构造数据类型。一个数组可以分解为多个数组元素，这些数组元素可以是基本数据类型或构造数据类型。因此按数组元素的类型不同，数组又可分为数值数组、字符数组、指针数组、结构数组等各种类别。本章介绍数值数组和字符数组，其余的将在以后各章陆续介绍。

任务5.2 一维数组的定义、引用和应用

1. 一维数组的定义方式

在C语言中使用数组前必须先进行定义。

一维数组的定义方式如下：

```
类型说明符 数组名 [常量表达式]；
```

其中：

（1）类型说明符可以是任意一种基本数据类型或构造数据类型。

（2）数组名是用户定义的数组标识符。

（3）方括号中的常量表达式表示数据元素的个数，也称为数组的长度。

例如：

```
int    a[10];              说明整型数组a，有10个元素。
float  b[10], c[20];       说明实型数组b，有10个元素；实型数组c，有20个元素。
char   ch[20];             说明字符数组ch，有20个元素。
```

对于数组类型的说明应注意以下几点。

（1）数组的类型实际上是指数组元素的取值类型。对于同一个数组，其所有元素的数据类型都是相同的。

（2）数组名的书写规则应符合标识符的书写规定。

（3）数组名不能与其他变量名相同。

例如：

```
main()
{
int a;
float a[10];
……
}
```

是错误的，数组名与其他变量名重名了。

（4）方括号中常量表达式表示数组元素的个数。例如，a[5]表示数组 a 有 5 个元素，但是其下标是从 0 开始计算的，因此 5 个元素分别为 a[0]、a[1]、a[2]、a[3]、a[4]。

（5）不能在方括号中用变量来表示元素的个数，但是可以用符号常数或常量表达式。

例如：

```
#define  FD  5
main( )
{
  int a[3+2],b[7+FD];
  ……
}
```

是合法的。

但是下述说明方式是错误的因为 n 是变量。

```
main()
{
  int n=5;
  int a[n];
  ……
}
```

（6）允许在同一个类型说明中，说明多个数组和多个变量。

例如：

```
int a,b,c,d,k1[10],k2[20];
```

2. 一维数组元素的引用

数组元素是组成数组的基本单元。数组元素也是一种变量，其标识方法为数组名后跟一个下标。下标表示元素在数组中的顺序号。

数组元素的一般形式如下：

```
数组名[下标]
```

其中，下标只能为整型常量或整型表达式。当其为小数时，C 编译将自动取整。

例如：

```
a[5]
a[i+j]
a[i++]
```

都是合法的数组元素。

数组元素通常也称为下标变量，必须先定义数组，才能使用下标变量。在 C 语言中，只能逐个地使用下标变量，而不能一次引用整个数组。

例如，输出有 10 个元素的数组时，必须使用循环语句逐个输出各下标变量，如

```
for(i=0; i<10; i++)
printf("%d",a[i]);
```

而不能用一条语句输出整个数组，下面的写法是错误的：

```
printf("%d",a);
```

【例 5.1】一维数组应用示例。

```
main( )
{
int i,a[10];
for(i=0;i<=9;i++)
a[i]=i;
for(i=9;i>=0;i--)
printf("%d ",a[i]);
}
```

【例 5.2】一维数组的引用。

```
main()
{
  int i,a[10];
  for(i=0;i<10;)
  a[i++]=i;
  for(i=9;i>=0;i--)
  printf("%d",a[i]);
}
```

本例中用一个循环语句给 a 数组各元素赋值，然后用第二个循环语句按倒序输出数组 a 的各个元素。

3．一维数组的初始化

给数组赋值时，除了用赋值语句对数组元素进行逐个赋值外，还可采用初始化赋值和动态赋值的方法。

数组初始化赋值是指在数组定义时给数组元素赋初值。

初始化赋值的一般形式如下：

```
类型说明符 数组名[常量表达式]={值，值…值};
```

其中，{ }中的各数据值即为各元素的初值，各值之间用逗号间隔。例如，

```
int a[10]={ 0,1,2,3,4,5,6,7,8,9 };
```

相当于

```
a[0]=0;a[1]=1...a[9]=9;
```

C 语言对数组的初始化赋值还有以下几个规定。

（1）可以只给部分元素赋初值。

当{ }中值的个数少于元素个数时，只给前面的部分元素赋值。例如：

```
int a[10]={0,1,2,3,4};
```

表示只给 a[0]～a[4] 5 个元素赋值，而后 5 个元素自动赋值为 0。

（2）只能给元素进行逐个赋值，不能给数组整体赋值。

例如，给 10 个元素全部赋值 1，只能写为

```
int a[10]={1,1,1,1,1,1,1,1,1,1};
```

而不能写为

```
int a[10]=1;
```

（3）如给全部元素赋值，则在数组说明中，可以不给出数组元素的个数。例如：

```
int a[5]={1,2,3,4,5};
```

可写为

```
int a[]={1,2,3,4,5};
```

【例 5.3】一维数组的初始化。

```
main()
{
  int i,max,a[10];
  printf("input 10 numbers: \n");
  for(i=0;i<10;i++)
  scanf("%d",&a[i]);
  max=a[0];
  for(i=1;i<10;i++)
  if(a[i]>max) max=a[i];
  printf("maxmum=%d\n",max);
```

本例程序中第一个 for 语句逐个输入 10 个数到数组 a 中，再把 a[0]送入 max；在第二个 for 语句中，从 a[1]到 a[9]逐个与 max 中的内容进行比较，若比 max 的值大，则把该下标变量送入 max，因此 max 总是在已比较过的下标变量中为最大者，比较结束，输出 max 的值。

二维数组行列元素的互换

案例描述

利用二维数组的引用实现数组 a 行列元素的互换。

$a=\begin{bmatrix}1 & 2 & 3\\4 & 5 & 6\end{bmatrix}$，$b=\begin{bmatrix}1 & 4\\2 & 5\\3 & 6\end{bmatrix}$。

案例分析

（1）二维数组的表示形式。

（2）二维数组的初始化。

（3）双重循环的使用。

编写程序

```
#include <stdio.h>
void main()
{ int a[2][3]={{1,2,3},{4,5,6}};
```

```
    int b[3][2],i,j;
    printf("array a: \n");
    for(i=0;i<=1;i++)
     { for(j=0;j<=2;j++)
         { printf("%5d",a[i][j]);
           b[j][i]=a[i][j];}
        printf("\n");
     }
    printf("array b: \n");
    for(i=0;i<=2;i++)
     { for(j=0;j<=1;j++)
          printf("%5d",b[i][j]);
         printf("\n");}
}
```

调试程序

```
array a:
1  2  3
4  5  6
array b:
1  4
2  5
3  6
```

任务5.3 二维数组的定义、引用和应用

1. 二维数组的定义

前面介绍的数组只有一个下标，称为一维数组，其数组元素也称为单下标变量。实际问题中有很多量是二维数组或多维数组，因此C语言允许构造多维数组。多维数组元素有多个下标，以标识它在数组中的位置，所以也称为多下标变量。本任务只介绍二维数组，多维数组可由二维数组类推而得到。

二维数组定义的一般形式如下：

```
类型说明符 数组名[常量表达式 1][常量表达式 2]
```

其中，常量表达式1表示第一维下标的长度，常量表达式2表示第二维下标的长度。

例如：

```
int a[3][4];
```

说明了一个三行四列的数组，数组名为a，其下标变量的类型为整型。该数组的下标变量共有3×4个，即

```
a[0][0],a[0][1],a[0][2],a[0][3]
a[1][0],a[1][1],a[1][2],a[1][3]
a[2][0],a[2][1],a[2][2],a[2][3]
```

二维数组在概念上是二维的，即其下标在两个方向上变化，下标变量在数组中的位置

也处于一个平面之中，而不是像一维数组一样只是一个向量。但是，实际的硬件存储器却是连续编址的，也就是说，存储器单元是按一维线性排列的。在一维存储器中存放二维数组有两种方式：一种是按行排列，即放完一行之后顺次放入第二行；另一种是按列排列，即放完一列之后顺次放入第二列。在 C 语言中，二维数组是按行排列的，即先存放 a[0]行，再存放 a[1]行，最后存放 a[2]行。

2. 二维数组元素的引用

二维数组的元素也称为双下标变量，其一般形式如下：

```
数组名[下标][下标]
```

其中，下标应为整型常量或整型表达式。

例如，a[3][4]表示 a 数组中有三行四列的元素。

下标变量和数组说明在形式中有些相似，但两者具有完全不同的含义。数组说明的方括号[ ]中给出的是某一维的长度，即可取下标的最大值；而数组元素中的下标是该元素在数组中的位置标识。前者只能是常量，后者可以是常量、变量或表达式。

【例 5.4】一个学习小组有 5 个人，每个人有 3 门课程的考试成绩。求全组分科的平均成绩和各科总平均成绩。原始数据如表 5.1 所示。

表 5.1　原始数据

	张	王	李	赵	周
Math	80	61	59	85	76
C	75	65	63	87	77
FoxPro	92	71	70	90	85

编程如下：

```
main( )
{
int i,j,s=0, average,v[3];
int
a[5][3]={{80,75,92},{61,65,71},{59,63,70},{85,87, 90},{76,77,85}};
for(i=0;i<3;i++)
{
for(j=0;j<5;j++)
s=s+a[j][i];
v[i]=s/5;
s=0;
}
average=(v[0]+v[1]+v[2])/3;
printf("math: %d\n C: %d\nd FoxPro: %d\n",v[0],v[1],v[2]);
printf("total: %d\n", average );
}
```

程序中设一个二维数组 a[5][3]，用于存放五个人三门课程的成绩。再设一个一维数组 v[3]，用于存放所求得各分科的平均成绩，设变量 average 为全组各科总平均成绩。用一个双重循环结构，在内循环中依次读入某一门课程的各个学生的成绩，并把这些成绩累加起来，退出内循环后再把该累加成绩除以 5 送入 v[i]之中，这就是该门课程的平均成绩；外循环共循环三次，分别求出三门课程各自的平均成绩并存放在v数组之中；退出外循环之后，把 v[0]、v[1]、v[2]相加除以 3 即可得到各科总平均成绩，最后按题意输出各个成绩即可。

3．二维数组的初始化

二维数组初始化即在类型说明时给各下标变量赋予初值。二维数组可按行分段赋值，也可按行连续赋值。

例如，对于数组 a[5][3]，按行分段赋值可写为

```
int a[5][3]={ {80,75,92},{61,65,71},{59,63,70},{85,87,
        90},{76,77,85} };
```

按行连续赋值可写为

```
int a[5][3]={ 80,75,92,61,65,71,59,63,70,85,87,90,76,
77,85};
```

这两种赋初值的结果是完全相同的。

二维数组初始化赋值还有以下说明。

（1）可以只对部分元素赋初值，未赋初值的元素自动取 0 值。

例如：

```
int a[3][3]={{1},{2},{3}};
```

是对每一行的第一列元素赋值，未赋值的元素取 0 值。赋值后各元素的值为

```
1 0 0
2 0 0
3 0 0
```

```
int a [3][3]={{0,1},{0,0,2},{3}};
```

赋值后的元素值为

```
0 1 0
0 0 2
3 0 0
```

（2）如对全部元素赋初值，则第一维的长度可以不给出。

例如：

```
int a[3][3]={1,2,3,4,5,6,7,8,9};
```

可以写为

```
int a[][3]={1,2,3,4,5,6,7,8,9};
```

（3）数组是一种构造类型的数据。二维数组可以看做由一维数组的嵌套而构成的。设一维数组的每个元素又是一个数组，就组成了二维数组。当然，前提是各元素类型必须相同。根据这样的分析，一个二维数组也可以分解为多个一维数组。C 语言允许这种分解。例如，二维数组 a[3][4]可分解为三个一维数组，其数组名分别为 a[0]、a[1]、a[2]。

对这三个一维数组不需另做说明即可使用。这三个一维数组都有 4 个元素，例如，一维数组 a[0]的元素为 a[0][0]、a[0][1]、a[0][2]、a[0][3]。必须强调的是，a[0]、a[1]、a[2]不能当做下标变量使用，它们是数组名，不是一个单纯的下标变量。

【例 5.5】读入表 5.2 中的值到数组中，分别求各行、各列及表中所有数之和。

表 5.2　数据

12	4	6
8	23	3
15	7	9
2	5	17

编程如下：

```
main()
{  int x[5][4],i,j;
   for(i=0;i<4;i++)
      for(j=0;j<3;j++)
         scanf("%d",&x[i][j]);
   for(i=0;i<3;i++)
      x[4][i]=0;
   for(j=0;j<5;j++)
      x[j][3]=0;
   for(i=0;i<4;i++)
      for(j=0;j<3;j++)
       { x[i][3]+=x[i][j];
         x[4][j]+=x[i][j];
         x[4][3]+=x[i][j];
       }
for(i=0;i<5;i++)
    { for(j=0;j<4;j++)
        printf("%5d\t",x[i][j]);
     printf("\n");
    }
}
```

调试结果：

12	4	6	22
8	23	3	34
15	7	9	31
2	5	17	24
37	39	35	111

输出一个字符串

案例描述

利用字符数组的初始化输出相应的字符串。

案例分析

（1）字符数组的初始化。
（2）for 循环的使用。

编写程序

```
main()
{
char c[10]={'I',' ','a','m',' ','a',' ','b','o','y'};
int i;
for(i=0;i<10;i++)
printf("%c",c[i]);
printf("\n");
}
```

输出结果

```
I am a boy
```

任务 5.4 字符数组的定义、引用和应用

1．字符数组的定义

字符数组的形式与前面介绍的数值数组相同。

例如：

```
char c[10];
```

由于字符型和整型通用，也可以定义为 int c[10]，但这时每个数组元素占 2 个字节的内存单元。字符数组也可以是二维或多维数组。

例如：

```
char c[5][10];
```

即为二维字符数组。

2．字符数组的初始化

字符数组也允许在定义时做初始化赋值。

例如：

```
char c[10]={ 'c', ' ', 'p', 'r', 'o', 'g', 'r', 'a', 'm'};
```

赋值后各元素的值为

数组 C：c[0]的值为'c'；
c[1]的值为' '；
c[2]的值为'p'；
c[3]的值为'r'；

c[4]的值为'0';

c[5]的值为'g';

c[6]的值为'r';

c[7]的值为'a';

c[8]的值为'm'。

其中，c[9]未赋值，由系统自动赋予 0 值。当对全体元素赋初值时，也可以省去长度说明。

例如：

```
char c[]={'c', ' ', 'p', 'r', 'o', 'g', 'r', 'a', 'm'};
```

此时 c 数组的长度自动定为 9。

3．字符数组的引用

【例 5.6】字符数组的引用。

```
main()
{
  int i,j;
  char a[][5]={{'B','A','S','I','C',},{'d','B','A','S','E' }};
  for(i=0;i<=1;i++)
  {
    for(j=0;j<=4;j++)
    printf("%c",a[i][j]);
    printf("\n");
  }
}
```

本例的二维字符数组由于在初始化时全部元素都已经赋予初值，因此一维下标的长度可以不加以说明。

4．字符串和字符串结束标志

在 C 语言中没有专门的字符串变量，通常用一个字符数组来存放一个字符串。前面介绍字符串常量时，已说明字符串总是以'\0'作为串的结束符。因此，当把一个字符串存入一个数组时，也把结束符'\0'存入数组，并以此作为该字符串是否结束的标志。有了'\0'标志后，就不必再用字符数组的长度来判断字符串的长度了。C 语言允许用字符串的方式对数组做初始化赋值。

例如：

```
char c[]={'c', ' ','p','r','o','g','r','a','m'};
```

可写为

```
char c[]={"C program"};
```

或去掉{}而写为

```
char c[]="C program";
```

用字符串方式赋值比用字符逐个赋值多占一个字节，用于存放字符串结束标志'\0'。上面的数组 c 在内存中的实际存放情况如下：

```
c p r o g r a m \0
```

'\0'是由C编译系统自动加上的。由于采用了'\0'标志，所以在用字符串赋初值时一般无需指定数组的长度，而由系统自行处理。

5．字符数组的输入输出

在采用字符串方式后，字符数组的输入输出将变得简单方便。除了上述用字符串赋初值的办法之外，还可用printf函数和scanf函数一次性输入输出一个字符数组中的字符串，而不必使用循环语句逐个输入输出每个字符。

【例5.7】字符数组的使用。

```
main()
{
    char c[]="BASIC\ndBASE";
    printf("%s\n",c);
}
```

注意：在本例的printf函数中，使用的格式字符串为"%s"，表示输出的是一个字符串，而在输出表列中给出数组名即可，不能写为

```
printf("%s",c[]);
```

【例5.8】字符数组的输入输出。

```
main()
{
  char st[15];
  printf("input string: \n");
  scanf("%s",st);
  printf("%s\n",st);
}
```

本例中由于定义数组长度为15，因此输入的字符串长度必须小于15，以留出一个字节用于存放字符串结束标志'\0'。应该说明的是，对一个字符数组，如果不做初始化赋值，则必须说明数组长度。还应该特别注意的是，当用scanf函数输入字符串时，字符串中不能含有空格，否则将以空格作为串的结束符。例如，当输入的字符串中含有空格时，运行情况为

```
input string:
this is a book
```

输出为

```
this
```

从输出结果可以看出空格以后的字符都未能输出。为了避免出现这种情况，可多设几个字符数组以分段存放含空格的字符串。

程序可改写如下：

【例5.9】例5.8的改写。

```
main( )
{
  char st1[6],st2[6],st3[6],st4[6];
  printf("input string: \n");
  scanf("%s%s%s%s",st1,st2,st3,st4);
  printf("%s %s %s %s\n",st1,st2,st3,st4);
```

```
}
```

此程序设置了四个数组，输入的一行字符的空格分段分别装入四个数组，再分别输出这四个数组中的字符串。在前面介绍过，scanf 的各输入项必须以地址方式出现，如&a、&b 等。但在前例中却是以数组名方式出现的，这是为什么呢？

这是由于 C 语言中规定，数组名代表该数组的首地址。整个数组是以首地址开头的一块连续的内存单元。如有字符数组 char c[10]，设数组 c 的首地址为 2000，也就是说 c[0]单元地址为 2000，则数组名 c 代表这个首地址。因此，在 c 前面不能再加地址运算符&。如写为 scanf("%s",&c)；是错误的。在执行函数 printf("%s",c)时，按数组名 c 找到首地址，然后逐个输出数组中各个字符直到遇到字符串终止标志'\0'为止。

6. 字符串处理函数

C 语言提供了丰富的字符串处理函数，大致可分为字符串的输入、输出、合并、修改、比较、转换、复制、搜索等。使用这些函数可大大减轻编程的负担。用于输入输出的字符串函数，在使用前应包含头文件"stdio.h"，使用其他字符串函数时则应包含头文件"string.h"。

下面介绍几个最常用的字符串函数。

1）字符串输出函数 puts

格式：puts(字符数组名)

功能：把字符数组中的字符串输出到显示器上，即在屏幕上显示该字符串。

【例 5.10】 puts()函数的应用。

```
#include"stdio.h"
main()
{
  char c[]="BASIC\ndBASE";
  puts(c);
}
```

从程序中可以看出 puts 函数中可以使用转义字符，因此输出结果有两行。puts 函数完全可以被 printf 函数取代。当需要按一定格式输出时，通常使用 printf 函数。

2）字符串输入函数 gets

格式：gets(字符数组名)

功能：从标准输入设备键盘上输入一个字符串。此函数可得到一个函数值，即为该字符数组的首地址。

【例 5.11】 gets 函数的应用。

```
#include"stdio.h"
main()
{
  char st[15];
  printf("input string: \n");
  gets(st);
  puts(st);
}
```

可以看出当输入的字符串中含有空格时，输出仍为全部字符串。这说明 gets 函数并不以空格作为字符串输入结束的标志，而只以回车作为输入结束。这与 scanf 函数是不同的。

3）字符串连接函数 strcat

格式：strcat （字符数组名 1,字符数组名 2）

功能：把字符数组 2 中的字符串连接到字符数组 1 中字符串的后面，并删去字符串 1 后的串标志"\0"。此函数返回值是字符数组 1 的首地址。

【例 5.12】 strcat 函数的应用。

```
#include "string.h"
main()
{
char s1[30]= "hello  ",s2[20];
printf("please input you name: \n");
gets(s2);
strcat(s1,s2);
puts(s1);}
```

◎ **输出结果**

```
please input you name:
xiaoming
hello  xiaoming
```

4）字符串复制函数 strcpy

格式：strcpy(字符数组名 1,字符数组名 2)

功能：把字符数组 2 中的字符串复制到字符数组 1 中。串结束标志"\0"也一同复制。字符数组名 2 也可以是一个字符串常量。此时相当于把一个字符串赋予一个字符数组。

【例 5.13】 编程交换两个字符数组 s1 和 s2 的内容。

```
#include "string.h"
main()
{
   char s1[ 20]= "hello",s2[20]= "1234",temp[20];
   strcpy(temp,s1);
   strcpy(s1,s2);
   strcpy(s2,temp);
   printf("交换后s1的内容是%s\n",s1);
   printf("s2的内容是%s\n",s2);
}
```

运行结果为

```
交换后s1的内容是1234
      s2的内容是hello
```

5）字符串比较函数 strcmp

格式：strcmp(字符数组名 1,字符数组名 2)

功能：按照 ASCII 码顺序比较两个数组中的字符串，并由函数返回值返回比较结果。

字符串 1＝字符串 2，返回值＝0;

字符串 1>字符串 2，返回值>0;

字符串 1<字符串 2，返回值<0。

此函数也可用于比较两个字符串常量，或比较数组和字符串常量。

【例 5.14】strcmp 函数的应用。

```
#include"string.h"
main()
{ int k;
  static char st1[15],st2[]="C Language";
  printf("input a string: \n");
  gets(st1);
  k=strcmp(st1,st2);
  if(k==0) printf("st1=st2\n");
  if(k>0) printf("st1>st2\n");
  if(k<0) printf("st1<st2\n");
}
```

此程序中将输入的字符串与数组 st2 中的字符串进行比较，比较结果返回到 k 中，根据k值再输出结果提示串。当输入为dBASE时，由ASCII码可知“dBASE”大于“C Language”故 k>0，输出结果“st1>st2”。

6）测字符串长度函数 strlen

格式：strlen(字符数组名)

功能：测字符串的实际长度（不含字符串结束标志'\0'）并作为函数返回值。

【例 5.15】strlen 函数的应用。

```
#include"string.h"
main()
{ int k;
  static char st[]="C language";
  k=strlen(st);
  printf("The lenth of the string is %d\n",k);
}
```

一、阅读程序，写出运行结果。

1.

```
main()
{
  int i,a[5];
  for(i=0;i<=4;i++)
  a[i]=i+1;
  for(i=0;i<=4;i++)
  printf("a[%d]=%d\n",i,i);
}
```

运行结果：______________

2.

```
main()
```

```
{
  int n[3],i,j,k;
  for(i=0;i<3;i++) n[i]=0;
  k=2;
  for(i=0;i<k;i++)
  for(j=0;j<k;j++)
  n[j]=n[i]+1;
  printf("%d",n[1]);
}
```

运行结果：＿＿＿＿＿＿＿＿＿＿＿＿

3.

```
main()
{ int a[10],i,k=0;
  for(i=0;i<10;i++) a[i]=i;
  for(i=0;i<4;i++) k+=a[i]+i;
  printf("%d\n",k);
}
```

运行结果：＿＿＿＿＿＿＿＿＿＿＿＿

4.

```
main()
{ int a[]={2,4,6,8,10},y=1,x;
  for(x=1;x<4;x++)
  y+=a[x];
  printf("%d\n",y);
}
```

运行结果：＿＿＿＿＿＿＿＿＿＿＿＿

5.

```
#include"stdio.h"
#include"string.h"
main()
{
   char s1[]}="monday";
   char s2[]="day";
   strcpy(s1,s2);
   printf("%s\n%s\n",s1,s2);
   printf("%c,%c\n",s1[4],s1[5]);
}
```

运行结果：＿＿＿＿＿＿＿＿＿＿＿＿

二、编程题

1．编程使数组 a[10]的值分别为 0～9，再逆序输出。

2．用数组来输出 Fibonacci 数列：1，1，2，3，5，8…的前 20 项，要求每行输出 5 个数。

3．求一个班 40 名学生的数学平均分，并统计 90 分以上的学生人数。

4. 从键盘上输入一个字符串，将大写字母转换成小写字母，小写字母转换成大写字母，然后进行输出。

5. 找出五个字符串中的最长字符串，并输出。

项目 6 函数

C 源程序是由函数组成的。虽然前面各项目的程序中大都只有一个主函数 main()，但实用程序往往由多个函数组成。函数是 C 源程序的基本模块，通过对函数模块的调用实现特定的功能。C 语言中的函数相当于其他高级语言的子程序。C 语言不仅提供了极为丰富的库函数（如 Turbo C、MS C 都提供了三百多个库函数），还允许用户建立自己定义的函数。用户可把自己的算法编写成一个个相对独立的函数模块，然后用调用的方法来使用函数。可以说，C 程序的全部工作都是由各式各样的函数完成的，所以也把 C 语言称为函数式语言。本项目主要介绍以下内容。

（1）函数的定义与调用。

（2）函数的嵌套调用与递归调用。

（3）变量的存储类型及变量的生存期和有效范围。

（4）内部函数与外部函数。

案例 13 使用函数求方程 $ax^2+bx+c=0$ 的根

案例描述

求方程 $ax^2+bx+c=0$ 的根，用三个函数分别求当 b^2-4ac 大于 0、等于 0 和小于 0 时的根，并输出结果。从主函数输入 a、b、c。

案例分析

（1）函数的定义与调用。

（2）内部函数与外部函数的使用。

编写程序

```
#include"math.h"
#include"stdio.h"
```

```
float yishigen(float  m,n,k)
{float x1,x2;
x1=(-n+sqrt(k))/(2*m);
x2=(n-sqrt(k))/(2*n);
printf("two shigen is x1=%.3f and x2=%.3f\n",x1,x2);
}
float denggen(m,n)
{float x;
x=-n/(2*m);
printf("denggen is x=%.3f\n",x);
}
float xugen(m,n,k)
{float x,y;
x=n/(2*m);
y=sqrt(-k)/(2*m);
printf("two xugen is x1=%.3f+%.3fi and x2=%.3f-%.3fi\n",x,y,x,y);
}
main()
{ float a,b,c,q;
  printf("input a b c is ");
  scanf("%f,%f,%f",&a,&b,&c);
  printf("\n");
  q=b*b+4*a*c;
  if(q<0) yishigen(a,b,q);
      else if(q=0) denggen(a,b);
    else xugan(a,b,q)
}
```

调试程序

```
输a,b,c值.
```

任务 6.1 函数的定义与调用

由于采用了函数模块式的结构，C 语言易于实现结构化程序设计，使程序的层次结构更清晰，便于程序的编写、阅读、调试。

C 语言中可从不同的角度对函数进行分类。

从函数定义的角度看，函数可分为库函数和用户定义函数两种。

（1）库函数：由 C 系统提供，用户无需定义，也不必在程序中做类型说明，只需在程序前包含该函数原型的头文件即可在程序中直接调用。在前面各项目的例题中反复用到的 printf、scanf、getchar、putchar、gets、puts、strcat 等函数均属于此类函数。

（2）用户定义函数：由用户按需要编写的函数。对于用户自定义函数，不仅要在程序中定义函数本身，还必须在主调函数模块中对该被调函数进行类型说明，然后才能使用。

C 语言中各类函数不仅数量多，有的还需要硬件知识才能使用，因此要想全部掌握需要一个较长的学习过程。应首先掌握一些最基本、最常用的函数，再逐步深入。由于课时关系，这里只介绍了很少一部分库函数，读者可根据需要查阅其他库函数的相关手册。

还应该指出的是，在C语言中，所有的函数定义，包括主函数在内，都是平行的。也就是说，在一个函数的函数体内，不能再定义另一个函数，即不能嵌套定义。但是函数之间允许相互调用，也允许嵌套调用。习惯上，人们把调用者称为主调函数。函数还可以自己调用自己，称为递归调用。

main 函数是主函数，它可以调用其他函数，而不允许被其他函数调用。因此，C 程序的执行总是从 main 函数开始的，完成对其他函数的调用后再返回到 main 函数，最后由 main 函数结束整个程序。一个 C 源程序必须有也只能有一个主函数。

1．函数的定义

1）无参函数的定义形式

```
    类型标识符 函数名()
       {声明部分
      语句
    }
```

其中，类型标识符和函数名为函数头。类型标识符指明了此函数的类型，函数的类型实际上是函数返回值的类型。函数名是由用户定义的标识符，函数名后有一个空括号，其中无参数，但括号不可少。{}中的内容称为函数体。函数体中的声明部分，是对函数体内部所用到的变量的类型说明。

很多情况下不要求无参函数有返回值，此时函数类型符可以写为void。

例如：

```
void main()
{
   printf ("Hello,world \n");
}
```

2）有参函数的定义形式

```
    类型标识符 函数名(形式参数表列)
       {声明部分
      语句
    }
```

有参函数比无参函数多了一项内容，即形式参数表列。在形参表中给出的参数称为形式参数，它们可以是各种类型的变量，各参数之间用逗号间隔。在进行函数调用时，主调函数将赋予这些形式参数实际的值。形参既然是变量，就必须在形参表中给出形参的类型说明。

例如，定义一个函数，用于求两个数中的大者，可写为

```
int sum(int a, int b)
{
   int c;
   c=a+b;
```

```
    return c;
}
```

第一行说明 sum 函数是一个整型函数，其返回的函数值是一个整数。形参为 a、b，均为整型量。a、b 的具体值是由主调函数在调用时传送过来的。在{}中的函数体内，除形参外没有使用其他变量，因此只有语句而没有声明部分。在 sum 函数体中，return 语句把 a（或 b）的值作为函数的值返回给主调函数。有返回值的函数中至少应有一个 return 语句。

在 C 程序中，一个函数的定义可以放在任意位置，既可放在主函数之前，又可放在主函数之后。

例 6.1 中可把 max 函数放在 main 之后，也可以放在 main 之前。

【例 6.1】函数的位置。

```
int max(int a,int b)
{
    if(a>b)return a;
    else return b;
}
main()
{
    int max(int a,int b);
    int x,y,z;
    printf("input two numbers: \n");
    scanf("%d%d",&x,&y);
    z=max(x,y);
    printf("maxmum=%d",z);
}
```

◎ **调试程序**

```
输入：3 4
输出：maxmum=4
```

◎ **程序分析**

现在可以从函数定义、函数说明及函数调用的角度来分析整个程序，从中进一步了解函数的各种特点。

程序的第 1 行～5 行为 max 函数定义。进入主函数后，因为准备调用 max 函数，故先对 max 函数进行说明（程序第 8 行）。函数定义和函数说明并不是一回事儿，在后面还要专门讨论。可以看出，函数说明与函数定义中的函数头部分相同，但是末尾要加分号。程序第 12 行为调用 max 函数，并把 x、y 中的值传送给 max 的形参 a、b。max 函数执行的结果（a 或 b）将返回给变量 z，最后由主函数输出 z 的值。

2．函数的参数

前面已经介绍过，函数的参数分为形参和实参两种。下面来进一步介绍形参、实参的特点和两者的关系。

函数的形参和实参具有以下特点。

（1）形参变量只有在被调用时才分配内存单元，在调用结束时，即刻释放所分配的内存单元。因此，形参只在函数内部有效。函数调用结束返回主调函数后不能再使用该形参变量。

（2）实参可以是常量、变量、表达式、函数等，无论实参是何种类型的量，在进行函数调用时，它们都必须具有确定的值，以便把这些值传送给形参。因此，应预先用赋值、输入等办法使实参获得确定值。

（3）实参和形参在数量、类型、顺序上应严格一致，否则会发生类型不匹配的错误。

（4）函数调用中发生的数据传送是单向的，即只能把实参的值传送给形参，而不能把形参的值反向地传送给实参。因此，在函数调用过程中，形参的值会发生改变，而实参中的值不会发生变化。

【例 6.2】形参和实参的使用。

```
main()
{
    int n;
    printf("input number\n");
    scanf("%d",&n);
   calcu (n);
    printf("n=%d\n",n);
}
int calcu(int n)
{
    int i;
    for(i=n-1;i>=1;i--)
      n=n+i;
    printf("n=%d\n",n);
}
```

◎ 程序分析

（1）程序中定义了一个函数 calcu，该函数的功能是求 1～n 的整数和。

（2）在主函数中输入 n 的值，并作为实参变量，在调用时传送给 calcu 函数的形参变量 n（注意，此例的形参变量和实参变量的标识符都为 n，但这是两个不同的量，各自的作用域不同）。

（3）在主函数中用 printf 语句输出一次 n 值，这个 n 值是实参 n 的值。在函数 calcu 中也用 printf 语句输出了一次 n 值，这个 n 值是形参最后取得的 n 值——0。从运行情况看，输入 n 值为 100，即实参 n 的值为 100。把此值传给函数 calcu 时，形参 n 的初值也为 100，在执行函数过程中，形参 n 的值变为 5050。返回主函数之后，输出实参 n 的值仍为 100。可见：实参的值不随形参的变化而变化。

3. 函数的返回值

如果希望函数调用后返回一个执行结果，则函数必须使用 return 语句将结果返回给调用程序。其格式如下：

```
return 表达式;
```

或者：

```
return (表达式);
```

该语句的功能是计算表达式的值，并返回给主调函数。

使用返回值时需注意以下几点。

（1）函数中允许有多个 return 语句，但每次调用只能有一个 return 语句被执行，因此只能返回一个函数值。

（2）函数值的类型和函数定义中函数的类型应保持一致。如果两者不一致，则以函数类型为准，自动进行类型转换。

（3）如函数值为整型，则在函数定义时可以省略类型说明。

（4）不返回函数值的函数，可以明确定义为“空类型”，类型说明符为“void”。

4. 函数调用的方式

C 语言中，函数调用的一般形式如下：

```
函数名(实际参数表)
```

无参函数调用时无实际参数表。实际参数表中的参数可以是常数、变量或其他构造类型数据及表达式。各实参之间用逗号分隔。

在 C 语言中，可以用以下几种方式调用函数。

（1）函数表达式

函数作为表达式中的一项出现在表达式中，以函数返回值参与表达式的运算。这种方式要求函数是有返回值的。例如，z=max(x,y)是一个赋值表达式，把 max 的返回值赋予变量 z。

（2）函数语句

函数调用的一般形式加上分号即构成函数语句。例如，printf ("%d",a);scanf ("%d",&b);以函数语句的方式调用函数。

（3）函数实参

函数作为另一个函数调用的实际参数出现。这种情况是把该函数的返回值作为实参进行传送，因此要求该函数必须是有返回值的。例如，printf("%d",max(x,y));即是把 max 调用的返回值又作为 printf 函数的实参来使用的。在函数调用中还应该注意的一个问题是求值顺序。所谓求值顺序是指对实参表中各量自左至右地使用，还是自右至左地使用。对此，各系统的规定不一定相同。本书在介绍 printf 函数时已提到过，这里从函数调用的角度再强调一下。

【例 6.3】函数的调用。

```
main()
{
    int i=6;
    printf("%d\n%d\n%d\n%d\n",++i,--i,i++,i--);
}
```

◎ 程序分析

此题在“项目 2”中讲过，因为编译系统的不同运算顺序有可能不同：分为按从右至左的顺序求值和按从左至右的顺序求值两种。

如按照从右至左的顺序求值，则运行结果应为

```
6
5
5
6
```

如对 printf 语句中的++i、--i、i++、i--从左至右求值，则结果应为

```
7
6
6
7
```

应特别注意的是，无论是从左至右求值，还是自右至左求值，其输出顺序都是不变的，即输出顺序总是和实参表中实参的顺序相同。由于 Turbo C 规定自右至左求值，所以结果为 6，5，5，6。

5. 函数原型

在程序中定义了函数后，要调用该函数，必须在程序中对该函数进行说明（声明），即说明编译系统将要调用此函数。

其一般形式如下：

```
类型说明符 被调函数名(类型 形参，类型 形参，……)；
```

或者：

```
类型说明符 被调函数名(类型，类型……)；
```

其中，括号内给出了形参的类型和形参名，或者只给出了形参类型。这便于编译系统进行检错，以防止可能出现的错误。

例 6.1 的 main 函数中对 max 函数的说明为

```
int max(int a,int b);
```

或写为

```
int max(int,int);
```

C 语言中又规定在以下几种情况下可以省略主调函数对被调函数的函数说明。

① 当被调函数的返回值是整型或字符型时，可以不对被调函数做说明，而直接调用。此时系统将自动对被调函数返回值按整型处理。例 6.2 的主函数中未对函数 calcu 做说明而直接调用即属于此种情形。

② 当被调函数的函数定义出现在主调函数之前时，在主调函数中也可以不对被调函数再做说明而直接调用。例如，例 6.1 中，函数 max 的定义放在 main 函数之前，因此可在 main 函数中省略去对 max 函数的函数说明 int max(int a,int b)。

③ 如在所有函数定义之前，在函数外预先说明了各个函数的类型，则在以后的各主调函数中，可不再对被调函数做说明。例如：

```
float f(float b);
main()
{
 ......
}
char str(int a)
{
```

```
 ……
}
float f(float b)
{
 ……
}
```

其中，f 函数预先做了说明。因此，在以后各函数中无需对 f 函数再做说明即可直接调用。

（4）对库函数的调用不需要再做说明，但必须把该函数的头文件用 include 命令包含在源文件前部。

求 Fibonacci 数列的第 n 项的值

案例描述

求 Fibonacci 数列：1，1，2，3，5，8，13… 的前 40 项。

本题来自于一个有趣的古典数学问题：有一对兔子，从出生后的第 3 个月起每个月都生一对兔子。小兔子长到第 3 个月又生一对兔子。如果生下的所有兔子都能成活，且所有的兔子都不会因年龄大而老死，问每个月的兔子总数为多少？

案例分析

（1）此数列的规律是第 1、2 项都是 1，从第 3 项开始，都是其前两项之和，因此可得到下列公式：

$$\mathrm{Fib}(n)\begin{cases}1, & n=1,2\\ \mathrm{Fib}(n-1)+\mathrm{Fib}(n-2)\,, & n>2\end{cases}$$

（2）这里用到的是什么算法呢？是递归算法。递归算法的基本思想：第 n 项的值是第 n-1 项与第 n-2 项的和。

编写程序

```
int fib(int n)
{
if( n<=2)return 1;
else return  fib(n-1)+fib(n-2);
}
main( )
{
 int n,result;
printf("input an integer:  ");
scanf("%d",&n);
result=fib(n);
```

```
printf("result=%d",result);
    }
```

调试程序

```
输入：9
输出：34
```

任务6.2 函数的嵌套调用与递归调用

1. 函数的嵌套调用

C语言中各函数之间是平行的，不存在上一级函数和下一级函数的问题。但是C语言允许在一个函数的定义中出现对另一个函数的调用。这样就出现了函数的嵌套调用，即在被调函数中又调用其他函数。这与其他语言的子程序嵌套的情形是类似的。

【例6.4】求最大公约数和最小公倍数。

```
#include <stdio.h>
int gcd(int n1, int n2);
int lcm(int n1, int n2);
int main()
{
    int num1,num2;
    int iGcd, iLcm;  //最大公约数和最小公倍数
    printf("please input two numbers: ");
    scanf("%d%d",&num1,&num2);
    iGcd=gcd(num1, num2);
    iLcm=lcm(num1,num2);
    printf("the gcd is:  %d\n",iGcd);
    printf("the lcm is:  %d\n",iLcm);
    return 0;
}

int gcd(int n1, int n2)
{
    int r;
    while(n2!=0)/*利用辗除法，直到n2为0为止*/
    {
        r=n1%n2;
        n1=n2;
        n2=r;
    }
    return n1;
}
```

```
int lcm(int n1, int n2)
{
    return n1*n2*gcd(n1, n2);
}
```

◎ 程序分析

此例编写了两个函数：一个是用来计算最大公约数的函数 gcd，另一个是用来计算最小公倍数的函数 lcm。计算最小公倍数的函数 lcm 中又调用了计算最大公约数的函数 gcd。

2．函数的递归调用

一个函数在它的函数体内调用自身称为递归调用，这种函数称为递归函数。C 语言允许函数的递归调用。在递归调用中，主调函数又是被调函数。执行递归函数将反复调用其自身，每调用一次就进入新的一层。

例如，

```
int f(int a)
{
  int b;
  c=f(b);
  return c;
}
```

函数 *f*()是一个递归函数。但是运行该函数将无休止地调用其自身，这当然是不正确的。为了防止递归调用无终止地进行，必须在函数内有终止递归调用的手段。常用的办法是加条件判断，满足某种条件后就不再做递归调用，然后逐层返回。下面举例说明递归调用的执行过程。

【例 6.5】用递归法计算 n!。

用递归法计算 n!可用下述公式表示。

$$\begin{cases} n!=1, \quad n=0,1 \\ n\times(n-1)!, \quad n>1 \end{cases}$$

按公式可编程如下。

```
long fa(int n)
{
    long f;
    if(n<0) printf("n<0,input error");
    else if(n==0||n==1) f=1;
    else f=fa(n-1)*n;
    return(f);
}
main()
{
    int n;
    long y;
    printf("\ninput a inteager number: \n");
    scanf("%d",&n);
```

```
        y=fa(n);
        printf("%d!=%ld",n,y);
    }
```

◎ 程序分析

程序中给出的函数 fa 是一个递归函数。主函数调用 fa 后即进入函数 fa 执行，如果 n<0、n==0 或 n=1，则将结束函数的执行，否则递归调用 fa 函数自身。由于每次递归调用的实参为 n-1，即把 n-1 的值赋予形参 n，当 n-1 的值为 1 时再做递归调用，形参 n 的值也为 1，将使递归终止，也可以逐层退回。

例 6.5 也可以不用递归的方法来完成。如可以用递推法，即从 1 开始乘以 2，再乘以 3……直到 n。递推法比递归法更容易理解和实现，但是有些问题只能用递归算法实现。典型的问题是汉诺塔问题。

【例 6.6】 汉诺塔问题。

一块板上有三根针——A、B、C。A 针上套有 64 个大小不等的圆盘，大的在下，小的在上，如图 6.1 所示。要把这 64 个圆盘从 A 针移动到 C 针上，每次只能移动一个圆盘，移动可以借助 B 针进行。但在任何时候，任何针上的圆盘都必须保持大盘在下、小盘在上的状态。求移动的步骤。

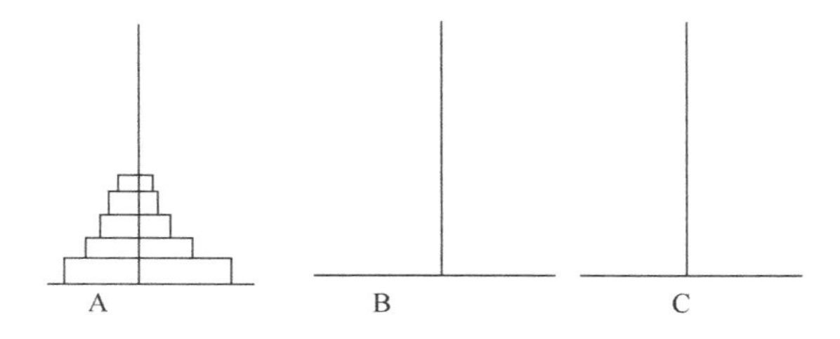

图 6.1 汉诺塔问题

解决汉诺塔问题的算法分析如下。

设 A 上有 n 个盘子。

如果 n=1，则将圆盘从 A 直接移动到 C。

如果 n=2，则：

① 将 A 上的 n-1(等于 1)个圆盘移动到 B 上。

② 将 A 上的一个圆盘移动到 C 上。

③ 将 B 上的 n-1(等于 1)个圆盘移动到 C 上。

如果 n=3，则：

① 将 A 上的 n-1(等于 2，令其为 n')个圆盘移动到 B(借助于 C)，步骤如下：

  a．将 A 上的 n'-1(等于 1)个圆盘移动到 C 上；

  b．将 A 上的一个圆盘移到 B；

  c．将 C 上的 n'-1(等于 1)个圆盘移动到 B。

② 将 A 上的一个圆盘移动到 C。

③ 将 B 上的 n-1(等于 2，令其为 n')个圆盘移动到 C(借助 A)，步骤如下：

  a．将 B 上的 n'-1(等于 1)个圆盘移动到 A。

b．将 B 上的一个盘子移动到 C。

c．将 A 上的 n'-1(等于 1)个圆盘移动到 C。

到此，完成了三个圆盘的移动过程。

从上面的分析可以看出，当 n 大于等于 2 时，移动的过程可分解为以下三个步骤。

第一步：把 A 上的 n-1 个圆盘移到 B 上。

第二步：把 A 上的一个圆盘移到 C 上。

第三步：把 B 上的 n-1 个圆盘移到 C 上。其中第一步和第三步是类同的。

当 n=3 时，第一步和第三步又分解为类同的三步，即把 n'-1 个圆盘从一个针移动到另一个针上，这里的 $n'=n-1$。显然，这是一个递归过程，据此算法可编程如下。

```
move(int n,int x,int y,int z)
{
    if(n==1)
      printf("%c-->%c\n",x,z);
    else
    {
      move(n-1,x,z,y);
      printf("%c-->%c\n",x,z);
      move(n-1,y,x,z);
    }
}
main()
{
    int h;
    printf("\ninput number: \n");
    scanf("%d",&h);
    printf("the step to moving %2d diskes: \n",h);
    move(h,'a','b','c');
}
```

从程序中可以看出，move 函数是一个递归函数，它有四个形参——n、x、y、z。n 表示圆盘数，x、y、z 分别表示三根针。move 函数的功能是把 x 上的 n 个圆盘移动到 z 上。当 n==1 时，直接把 x 上的圆盘移至 z 上，输出 x→z。如 n!=1 则可分为三步：递归调用 move 函数，把 n−1 个圆盘从 x 移到 y；输出 x→z；递归调用 move 函数，把 n−1 个圆盘从 y 移到 z。在递归调用过程中 n=n−1，故 n 的值逐次递减，n=1 时，终止递归，逐层返回。当 n=4 时，程序运行的结果如下：

```
input number:
4
the step to moving 4 diskes:
a→b
a→c
b→c
a→b
c→a
c→b
a→b
```

```
a→c
b→c
b→a
c→a
b→c
a→b
a→c
b→c
```

3．数组作为函数参数

数组可以作为函数的参数使用，进行数据传送。数组用做函数参数有两种形式：一种是把数组元素（下标变量）作为实参使用；另一种是把数组名作为函数的形参和实参使用。

1）数组元素作为函数实参

数组元素就是下标变量，它与普通变量并无区别。因此，它作为函数实参使用时与普通变量是完全相同的，在发生函数调用时，把作为实参的数组元素的值传送给形参，实现单向的值传送。例 6.7 说明了这种情况。

【例 6.6】找出数组中的最大值。

具体程序如下：

```
#include <stdio.h>
int max(int x,int y)
{
 return x>y?x: y;
}
main()
{
 int a[10],i,m;
 printf("input 10 integers: \n");
 for ( i=0;i<10;i++)

 scanf("%d",m);
 m=a[0];
 for (i=1;i<10;i++)
 m=max(m,a[i]);
 printf("max is %d",m);
}
```

◎ 输出结果

```
input 10 integers:
0123456789
Max is 9
```

◎ 程序分析

此程序中首先定义了一个整型函数 max，每次将两个数中的较大值和下一个数进行比较，得到新的较大值，当数组的所有元素比较完后，最终得到的较大值就是整个数组的最大值。在 main 函数中用一个 for 语句输入数组各元素，每输入一个就以该元素作为实参调用一次 max 函数。

2）数组名作为函数参数

【例 6.8】数组 a 中存放了一个学生的 5 门课程的成绩，求其平均成绩。

```
float aver(float a[5])
{
    int i;
    float av,s=a[0];
    for(i=1;i<5;i++)
      s=s+a[i];
    av=s/5;
    return av;
}
void main()
{
    float sc [5],av;
    int i;
    printf("\ninput 5 scores: \n");
    for(i=0;i<5;i++)
      scanf("%f",&sc[i]);
    av=aver(sc);
    printf("average score is %5.2f",av);
}
```

◎ 程序分析

此程序首先定义了一个实型函数 aver，有一个形参为实型数组 a，长度为 5。在函数 aver 中，把各元素值相加求出平均值，返回给主函数。主函数中首先完成数组 sco 的输入，再以 sco 作为实参调用 aver 函数，函数返回值送入 av，最后输出 av 值。从运行情况可以看出，程序实现了所要求的功能。

求最高成绩

案例描述

设有 4 个学生 5 门课程成绩的记录，求最高成绩及它属于第几个学生、第几门课程。

案例分析

（1）全局变量。

（2）变量的作用域与生存期。

编写程序

```
#include <stdio.h>
int main()
{
float hi_sc (float array[4][5]);
float score[4][5]={{63,75,86,12,89,93},{74,82,65,85,79},
              {74,87,92, 3,99},{66,86,63,78,74}
printf("The highest score is %6.2f\n",hi_sc(score));
return 0;
}
float hi_sc(float array[4][5]);
{int i,j;
 float max;
max=array[0][0];
for(i=0;i<4;i++)
 for(j=0;j<5;j++)
if(array[i][j]>max)    max=array[i][j];
return(max)
}
```

调试程序

```
The highest score is 99
```

任务 6.3 变量的存储类型及变量的生存期和有效范围

在讨论函数的形参变量时曾经提到，形参变量只在被调用期间分配内存单元，调用结束立即释放。这说明形参变量只有在函数内才是有效的，离开该函数就不能使用了。这种变量有效性的范围称为变量的作用域。C 语言中所有的量都有自己的作用域。C 语言中的变量按作用域范围可分为两种，即局部变量和全局变量。

1．局部变量

局部变量也称为内部变量。局部变量是在函数内做定义说明的。其作用域仅限于函数内，离开该函数后再使用这种变量是非法的。

【例 6.9】

```
void local_value()
{ int a=1,b=2;
   printf("%d%d",a,b);
}
main()
{
```

```
    printf("%d%d",a,b);
}
```

以上程序将不能通过编译，因为变量 a 和 b 仅在函数 local_value()中有效，在 main()不能使用它们。

关于局部变量的作用域还要说明以下几点。

（1）主函数中定义的变量只能在主函数中使用，不能在其他函数中使用。同时，主函数中也不能使用其他函数中定义的变量。因为主函数也是一个函数，它与其他函数是平行关系。这一点是与其他语言不同的，读者应注意。

（2）形参变量属于被调函数的局部变量，实参变量属于主调函数的局部变量。

（3）允许在不同的函数中使用相同的变量名，它们代表不同的对象，分配不同的单元，互不干扰，也不会发生混淆。如在前例中，形参和实参的变量名都为 n，是完全允许的。

（4）在复合语句中也可定义变量，其只在复合语句范围内有效。

【例 6.10】 作用域的使用。

```
main()
{
    int i=2,j=5,k;
    k=i+j;
    {
      int k=9;
      printf("%d\n",k);
    }
    printf("%d\n",k);
}
```

◎ 程序分析

此程序在 main 中定义了 i、j、k 三个变量，其中 k 未赋初值。而在复合语句内又定义了一个变量 k，并赋初值为 9。应该注意这两个 k 不是同一个变量。在复合语句外由 main 定义的 k 起作用，而在复合语句内则由在复合语句内定义的 k 起作用。因此，程序第 4 行的 k 为 main 所定义，其值应为 7。第 7 行输出 k 值，该行在复合语句内，由复合语句内定义的 k 起作用，其初值为 9，故输出值为 9，而第 9 行已在复合语句之外，输出的 k 应为 main 所定义的 k，此 k 值由第 4 可知为 7，故输出也为 7。

2. 全局变量

全局变量也称为外部变量，它是在函数外部定义的变量。它不属于某一个函数，它属于一个源程序文件。其作用域是整个源程序。在函数中使用全局变量，一般应做全局变量说明。只有在函数内经过说明的全局变量才能使用。全局变量的说明符为 extern。但在一个函数之前定义的全局变量，在该函数内使用时可不再加以说明。

【例 6.11】 外部变量与局部变量同名。

```
int x=3,y=5;      /*a,b为外部变量*/
max(int x,int y) /*a,b为局部变量*/
{int c;
 c=x>y?x: y;
```

```
    return(c);
  }
  main()
  {int x=8;
   printf("%d\n",max(x,y));
  }
```

◎ 程序分析

如果在同一个源文件中，外部变量与局部变量同名，则在局部变量的作用范围内，外部变量被“屏蔽”，即它不起作用。

3. 动态存储方式与静态存储方式

前面已经介绍了，从作用域（从空间）角度来划分，变量可以分为全局变量和局部变量。从变量值存在的作用时间（生存期）角度，变量可以分为静态存储方式和动态存储方式。

（1）静态存储方式：指在程序运行期间分配固定的存储空间的方式。

（2）动态存储方式：在程序运行期间根据需要进行动态地分配存储空间的方式。

全局变量全部存放在静态存储区，在程序开始执行时给全局变量分配存储区，程序执行完毕即释放。在程序执行过程中，它们占据固定的存储单元，而不再动态地进行分配和释放。

动态存储区可存放以下数据。

（1）函数形式参数。

（2）自动变量（未加 static 声明的局部变量）。

（3）函数调用时的现场保护和返回地址。

对于以上数据，在函数开始调用时分配动态存储空间，函数结束时释放这些空间。

在 C 语言中，每个变量和函数有两个属性：数据类型和数据的存储类别。

4. 自动变量

函数中的局部变量都是动态地分配存储空间的，数据存储在动态存储区中。函数中的形参和在函数中定义的变量（包括在复合语句中定义的变量），都属于此类，在调用该函数时，系统会给它们分配存储空间，在函数调用结束时会自动释放这些存储空间。这类局部变量称为自动变量。自动变量用关键字 auto 作为存储类别的声明。

例如：

```
int max(int x,int y)      /*定义max函数，x、y为参数*/
{auto int b,c=3;          /*定义b、c为自动变量*/
 ……
}
```

x、y 是形参，b、c 是自动变量，对 c 赋初值 3。执行完 max 函数后，自动释放 a、b、c 所占的存储单元。

关键字 auto 可以省略，auto 不写则隐含定为“自动存储类别”，属于动态存储方式。

5. 静态局部变量

有时希望函数中的局部变量的值在函数调用结束后不消失而保留原值，此时就应该指定局部变量为“静态局部变量”，用关键字 static 进行声明。

【例 6.5】考察静态局部变量的值。

```
sum(int x)
{auto y=0;
 static z=3;
 y=y+1;
 z=z+1;
 return(x+y+z);
}
main()
{int x=2,i;
 for(i=0;i<3;i++)
 printf("%d",sum(x));
}
```

◎ 程序分析

对静态局部变量的说明如下。

（1）静态局部变量属于静态存储类别，在静态存储区内分配存储单元，在程序整个运行期间都不释放。而自动变量（动态局部变量）属于动态存储类别，占用动态存储空间，函数调用结束后即释放。

（2）静态局部变量在编译时赋初值，即只赋初值一次；而对自动变量赋初值是在函数调用时进行的，每调用一次函数就重新赋初值，相当于执行一次赋值语句。

（3）如果在定义局部变量时不赋初值，则对静态局部变量来说，编译时自动赋初值 0（对于数值型变量而言）或空字符（对于字符变量而言）。而对自动变量来说，如果不赋初值，则它的值是一个不确定的值。

【例 6.13】输出整数 1～5 的阶乘值。

```
int fac(int n)
{static int fa=1;
 fa=fa*n;
 return(fa);
}
main()
{int i;
 for(i=1;i<=5;i++)
 printf("%d!=%d\n",i,fac(i));
}
```

6. 寄存器变量

为了提高效率，C 语言允许将局部变量的值放在 CPU 的寄存器中，这种变量称为“寄存器变量”，用关键字 register 做声明。

【例 6.14】使用寄存器变量。

```
int fac(int n)
{register int i,fa=1;
 for(i=1;i<=n;i++)
fa=fa*i
 return(fa);
}
main()
{int i;
 for(i=0;i<=5;i++)
 printf("%d!=%d\n",i,fac(i));
}
```

◎ 程序分析

① 只有局部自动变量和形式参数可以作为寄存器变量。
② 一个计算机系统中的寄存器数目有限，不能定义任意多个寄存器变量。
③ 局部静态变量不能定义为寄存器变量。

7. 外部变量

外部变量（全局变量）是在函数的外部定义的，它的作用域为从变量定义处开始，到本程序文件的末尾为止。如果外部变量不在文件的开头定义，则其有效的作用范围只限于定义处到文件终了。如果在定义点之前的函数想引用该外部变量，则应该在引用之前用关键字 extern 对该变量做“外部变量声明”，以表示该变量是一个已经定义的外部变量。有了此声明，即可从“声明”处起，合法地使用该外部变量。

【例 6.15】用 extern 声明外部变量，扩展程序文件中的作用域。

```
int max(int x,int y)
{int z;
 z=x>y?x: y;
 return(z);
}
main()
{extern a,b;
 printf("%d\n",max(a,b));
}
int a=13,b=-8;
```

◎ 程序分析

在此程序文件的最后 1 行定义了外部变量 a、b，但由于外部变量定义的位置在函数 main 之后，因此在 main 函数中不能引用外部变量 a、b。现在在 main 函数中用 extern 对 a 和 b 进行“外部变量声明”，就可以从“声明”处起合法地使用外部变量 a 和 b 了。

任务 6.4 内部函数与外部函数

函数本质上是全局的，因为一个函数要被其他函数调用，但是，也可以指定函数不能被其他函数调用。根据函数能否被其他函数调用，可将函数分为内部函数和外部函数。

1. 内部函数

如果一个函数只能被本文件中其他函数引用，则称其为内部函数。在定义内部函数时，在函数名和函数类型的前面加 static，即

```
static 类型名 函数名(形参表);
```

2. 外部函数

如果一个函数可以供其他函数使用，则称其为外部函数。在定义外部函数时，在函数名和函数类型的前面加 extern，即

```
extern  类型名 函数名(形参表);
```

通常省略 extern。

需要使用该函数的其他文件时，需要对函数进行声明。

可以用#include"头文件"来包含已经定义的各个函数原型，对函数进行声明，以便在其他文件中使用。

【例 6.16】有一个字符串，内有若干个字符，现输入一个字符，要求程序将字符串中指定的字符删除，用函数实现。

```
#include<stdio.h>
void del(char s[],char c)
{
 int i=0,j;
 while(s[i]!='\0')
 {
  if(s[i]==c)
  {
   j=i;
   while(s[j]!='\0')
   {
    s[j]=s[j+1];
    j++;
   }
  }
  else
   i++;
 }
}
main()
{
 char str[100];
 char c;
 puts("请输入字符串: ");
 gets(str);
 puts("请输入要删除的字符: ");
 c=getchar();
```

```
    del(str,c);
    puts("结果为：");
    puts(str);
  }
```

◎ 输出结果

```
请输入字符串：abcdefabcab
请输入要删除的字符：a
结果为：bcdefbcb
```

课后练习

一、选择题

1．一个完整的C源程序是（　　）。

A．由一个主函数或一个以上的非主函数构成的

B．由一个且仅由一个主函数和零个以上的非主函数构成的

C．由一个主函数和一个以上的非主函数构成的

D．由一个且只有一个主函数或多个非主函数构成的

2．以下关于函数的叙述中，正确的是（　　）。

A．C语言程序将从源程序中第一个函数开始执行

B．可以在程序中由用户指定任意一个函数作为主函数，程序将从此开始执行

C．C语言规定必须用main作为主函数名，程序将从此开始执行，在此结束

D．main可作为用户标识符，用于定义任意一个函数

3．以下关于函数的叙述中，不正确的是（　　）。

A．C程序是函数的集合，包括标准库函数和用户自定义函数

B．在C语言程序中，被调用的函数必须在main函数中定义

C．在C语言程序中，函数的定义不能嵌套

D．在C语言程序中，函数的调用可以嵌套

4．在一个C程序中，（　　）。

A．main函数必须出现在所有函数之前

B．main函数可以在任何地方出现

C．main函数必须出现在所有函数之后

D．main函数必须出现在固定位置

5．若在C语言中未说明函数的类型，则系统默认该函数的数据类型是（　　）。

A．float　　B．long　　C．int　　D．double

6．以下关于函数的叙述中，错误的是（　　）。

A．函数未被调用时，系统将不为形参分配内存单元

B．实参与形参的个数应相等，且实参与形参的类型必须对应一致

C．当形参是变量时，实参可以是常量、变量或表达式

D．形参可以是常量、变量或表达式

7．若函数调用时参数为基本数据类型的变量，则以下叙述中正确的是（　　）。

A．实参与其对应的形参共占存储单元

B．只有当实参与其对应的形参同名时才共占存储单元

C．实参与对应的形参分别占用不同的存储单元

D．实参将数据传递给形参后，立即释放原先占用的存储单元

8．函数调用时，当实参和形参都是简单变量时，它们之间数据传递的过程是（　　）。

A．实参将其地址传递给形参，并释放原先占用的存储单元

B．实参将其地址传递给形参，调用结束时形参再将其地址回传给实参

C．实参将其值传递给形参，调用结束时形参再将其值回传给实参

D．实参将其值传递给形参，调用结束时形参并不将其值回传给实参

9．当函数调用时的实参为变量时，以下关于函数形参和实参的叙述中正确的是（　　）。

A．函数的实参和其对应的形参共占同一存储单元

B．形参只是形式上的存在，不占用具体存储单元

C．同名的实参和形参占用同一存储单元

D．函数的形参和实参分别占用不同的存储单元

10．若用数组名作为函数调用的实参，则传递给形参的是（　　）。

A．数组的首地址　　B．数组的第一个元素的值

C．数组中全部元素的值　　D．数组元素的个数

11．若函数调用时，用数组名作为函数的参数，则以下叙述中正确的是（　　）。

A．实参与其对应的形参共用同一段存储空间

B．实参与其对应的形参占用相同的存储空间

C．实参将其地址传递给形参，同时形参会将该地址传递给实参

D．实参将其地址传递给形参，等同实现了参数之间的双向值的传递

12．如果一个函数位于 C 程序文件的上部，在该函数体内说明语句后的复合语句中定义了一个变量，则该变量（　　）。

A．为全局变量，在此程序文件范围内有效

B．为局部变量，只在此函数内有效

C．为局部变量，只在此复合语句中有效

D．定义无效，为非法变量

13．C 语言中函数返回值的类型是由（　　）决定的。

A．return 语句中的表达式类型

B．调用函数的主调函数类型

C．调用函数时临时

D．定义函数时所指定的函数类型

14．若在一个 C 源程序文件中定义了一个允许其他源文件引用的实型外部变量 a，则在另一文件中可使用的引用说明是（　　）。

A．extern static float a;　　B．float a;

C．extern auto float a;　　D．extern float a;

15．定义一个 void 型函数意味着调用该函数时，函数（　　）。

A．通过 return 返回一个用户所希望的函数值

B．返回一个系统默认值

C．没有返回值

D．返回一个不确定的值

16．若定义函数 float *fun()，则函数 fun 的返回值为（　　）。

A．一个实数　　B．一个指向实型变量的指针

C．一个指向实型函数的指针　　D．一个实型函数的入口地址

17．C 语言规定，程序中各函数之间（　　）。

A．既允许直接递归调用，也允许间接递归调用

B．不允许直接递归调用，也不允许间接递归调用

C．允许直接递归调用，不允许间接递归调用

D．不允许直接递归调用，允许间接递归调用

18．若程序中定义函数：

```
float myadd(float a, float b)
{ return a+b;}
```

并将其放在调用语句之后，则在调用之前应对该函数进行说明。以下说明中错误的是（　　）。

A．float myadd(float a,b);

B．float myadd(float b, float a);

C．float myadd(float, float);

D．float myadd(float a, float b);

19．以下关于 fun 函数的功能叙述中，正确的是（　　）。

```
int fun(char *s)
{
  char *t=s;
  while(*t++) ;
  t--;
  return(t-s);
}
```

A．求字符串 s 的长度　　B．比较两个串的大小

C．将串 s 复制到串 t 中　　D．求字符串 s 所占字节数

20．以下程序段运行后的输出结果是（　　）（假设程序运行时输入 5，3，回车）。

```
int a, b;
void swap( )
{
  int t;
  t=a; a=b; b=t;
}
main()
{
  scanf("%d,%d", &a, &b);
  swap( );
```

```
    printf ("a=%d,b=%d\n",a,b);
  }
```

A．a=5,b=3　　B．a=3,b=5　　C．5,3　　D．3,5

21．以下程序运行后的输出结果是（　　）。

```
fun(int a, int b)
{
  if(a>b)    return a;
  else       return b;
}
main()
{
  int x=3,y=8,z=6,r;
  r=fun(fun(x,y),2*z);
  printf("%d\n",r);
}
```

A．3　　B．6　　C．8　　D．12

22．以下程序的运行结果是（　　）。

```
void f(int a, int b)
{
  int t;
  t=a; a=b; b=t;
}
main()
{
  int x=1, y=3, z=2;
  if(x>y) f(x,y);
  else if(y>z) f(x,z);
  else f(x,z);
  printf("%d,%d,%d\n",x,y,z);
}
```

A．1,2,3　　B．3,1,2　　C．1,3,2　　D．2,3,1

23．以下程序运行后的输出结果为（　　）。

```
int *f(int *x, int *y)
{
  if(*x<*y)  return x;
  else    return y;
}

main()
{
  int a=7,b=8,*p,*q,*r;
  p=&a, q=&b;
  r=f(p,q);
  printf("%d,%d,%d\n",*p,*q,*r);
}
```

A．7,8,8　　B．7,8,7　　C．8,7,7　　D．8,7,8

24. 以下程序的正确运行结果是（　　）。

```
#include<stdio.h>
main()
{
  int k=4,m=1,p;
  p=func(k,m);
  printf("%d",p);
  p=func(k,m);
  printf("%d\n",p);
}
func(int a,int b)
{
  static int m=0,i=2;
  i+=m+1;
  m=i+a+b;
  return (m);
}
```

A. 8,17　　B. 8,16　　C. 8,20　　D. 8,8

25. 以下程序的功能是计算函数 F(x,y,z)=(x+z)/(y-z)+(y+2×z)/(x-2×z)的值，在程序中下画线处应分别输入（　　）和（　　）。

```
#include<stdio.h>
float f(float x,float y)
{
  float value;
  value=________【1】;
  return value;
}
main()
{
  float x,y,z,sum;
  scanf("%f%f%f",&x,&y,&z);
  sum=f(x+z,y-z)+f(________【2】);
  printf("sum=%f\n",sum);
}
```

【1】A. x/y　　B. x/z　　C. (x+z)/(y-z)　　D. x+z/y-z

【2】A. y+2z,x-2z　　B. y+z,x-z　　C. x+z,y-z　　D. y+z*z,x-2*z

26. 以下程序用递归定义的方法求 Fibonacci 数列 1、1、2、3、5、8、13、21……中第 7 项的值 fib(7)，Fibonacci 数列第 1 项和第 2 项的值都是 1。在程序中下画线处应分别输入（　　）和（　　）。

```
#include<stdio.h>
long fib(________【1】)
{
  switch(g)
  {
    case 0: return 0;
    case 1:
```

```
    case 2:  return 1;
  }
  return (________【2】);
}
main()
{
  long k;
  k=fib(7);
  printf("k=%d\n",k);
}
```

【1】A. g　　B. k　　C. long int g　　D. int k

【2】A. fib(7)　　B. fib(g)　　C. fib(k)　　D. fib(g-1)+fib(g-2)

27. 有以下程序：

```
int fun(int n)
{
  if(n==1)  return 1;
  else return(n+fun(n-1));
}
main()
{
  int x;
  scanf("%d",&x);
  x=fun(x);
  printf("%d\n",x);
}
```

程序执行时，若输入10，则程序的输出结果是（　　）。

A. 55　　B. 54　　C. 65　　D. 45

二、程序填空

1. 已知函数fun(n),n为三位的自然数，判断n是否为水仙花数（水仙花数是指其各位数的立方和等于该数），是则返回1，否则返回0；main函数，输入一个数num，调用fun(num)函数，并输出判断结果。请填空。

```
#include <stdio.h>
#include <conio.h>
int fun(int n)
{
int a,b,c;
 a=n%10; b=n/10%10; c=n/100;
 if(a*a*a+b*b*b+c*c*c==n)    return(1);
 else   return(0);
}
void main()
{
int num;
scanf("%d",&num);
```

```
   while(num<100||num>=1000)
     {
       printf("please enter the num again! (num>=100&&num<1000) \n");
       scanf("%d",&num);
     }
   if(________) printf(" %d is a sxhs.\n",num);
   else printf(" %d is not a sxhs.\n",num);
  }
```

2．已知函数 ss(n)，其用于判断 n 是否为素数，是则返回 1，否则返回 0；main 函数，其用于输入一个数 num，调用 ss(num)函数，并输出判断结果。请填空。

```
#include <stdio.h>
#include <conio.h>
int ss(int n)
{
int i;
   for(i=2;i<n;i++)
   if(n%i==0)  break;
if(i>=n)   return(1);
 else   return(0);
}
void main()
{
 int num; clrscr();
 scanf("%d",&num);
if(________) printf("%d is a sushu.\n",num);
 else printf("%d is not a sushu.\n",num);
}
```

3．已知函数 fun(n)，计算 n!。在 main 函数中输入 num，调用 fun(num)，输出计算的结果。请填空。

```
#include <stdio.h>
#include <conio.h>
long  fun(int n)
{
long s=1; int i;
 for(i=1;i<=n;i++)  s=s*i;
 return(s);}
void main()
{
int num; clrscr();
scanf("%d",&num);
 if(num>0)  printf("%d!=%ld \n",num, ________);
 else  printf("input data error! \n");
}
```

三、编程题

1．根据下面的函数关系，对输入的每个 x 值，计算出相应的 y 值并输出结果。

$$y=\begin{cases}0, x\leqslant 0\\ x, 0<x\leqslant 10\\ 0.5+\sin(x), x>10\end{cases}$$

2．编写一个函数，该函数的功能是判断一个整数是不是素数，在 main 函数中输入一个整数，调用该函数，判断该数是不是素数，若是则输出“yes”，否则输出“no”。

3．编写一个函数，判断某一个四位数是不是玫瑰花数（所谓玫瑰花数即指该四位数各位数字的四次方的和恰好等于该数本身，如 $1634=1^4+6^4+3^4+4^4$）。在主函数中从键盘上任意输入一个四位数，调用该函数，判断该数是否为玫瑰花数，若是则输出“yes”，否则输出“no”。

4．编写函数，输出以下图形，将图形中的行数作为函数的形参。在 main()函数中输入行数 *n*，调用该函数输出行数为 *n* 的图形。

```
*
**
***
****
******/
```

5．编写一个函数，其功能如下：检验一个输入的四位数字是否是闰年，如果是闰年则返回 1，否则返回 0。在主函数中从键盘上输入一个四位数，调用该函数进行判断，如果是则输出“yes”，否则输出“no”。（提示：如果此四位数能被 4 整除但不能被 100 整除，则是闰年；如果此四位数能被 400 整除，则是闰年。）

项目7 指针与结构体、共用体

在计算机科学中，指针（Pointer）是编程语言中的一个对象，利用地址，它的值可以直接指向存在计算机存储器中另一个地方的值。由于通过地址能找到所需的变量单元，可以说，地址指向该变量单元。因此，将地址形象化地称为“指针”，意思是通过它能找到以它为地址的内存单元。在 C 语言中，如果一个变量声明时在前面使用*，则表明这是一个指针型变量，该变量存储一个地址，指针不仅可以是变量的地址，还可以是数组、数组元素、函数的地址。通过指针作为形式参数可以在函数的调用过程中得到一个以上的返回值。通过指针，C 语言可以容易地对存储器进行低级控制，可以说指针是 C 语言的“灵魂”，通过指针，可以简化一些 C 编程任务的执行，想要成为一名优秀的 C 语言程序员，学习指针是很有必要的，学习 C 语言的指针既简单又有趣。

结构体是由一系列具有相同类型或不同类型的数据构成的数据集合，在 C 语言中，数组是定义可存储相同类型数据项的变量，结构体是 C 语言中另一种用户自定义的可用的数据类型，它允许存储不同类型的数据项。结构体可以被声明为变量、指针或数组等，用以实现较复杂的数据结构。结构体是一些元素的集合，这些元素称为结构体的成员，且这些成员可以为不同的类型，成员一般用名称访问。

在进行某些算法的 C 语言编程的时候，需要使几种不同类型的变量存放到同一段内存单元中，即使用覆盖技术，几个变量互相覆盖。在 C 语言中，这种几个不同的变量共同占用一段内存的结构被称为“共用体”类型结构，简称共用体。

共用体是一种特殊的数据类型，允许在相同的内存位置存储不同的数据类型。用户可以定义一个带有多成员的共用体，但是任何时候只能有一个成员带有值。共用体提供了一种使用相同的内存位置的有效方式。

截取指定长度的字符串

案例描述

已知字符串 str，从中截取一子串。要求该子串是从 str 的第 m 个字符开始的，由 n 个字符组成。

案例分析

C 语言中没有字符串变量，C 语言使用字符数组来存放字符串，数组名代表组的首地址，定义字符数组 c 存放子串，定义字符指针变量 p 复制子串，利用循环语句从字符串 str 中截取 n 个字符。

考虑到以下几种特殊情况。

（1）m 位置后的字符数有可能不足 n 个，所以在循环读取字符时，若读到 '\0' 则停止截取，利用 break 语句跳出循环。

（2）若输入的截取位置 m 大于字符串的长度，则子串为空。

（3）要求输入的截取位置和字符个数均大于 0，否则子串为空。

编写程序

```
#include <stdio.h>
#include <string.h>
main( )
{
  char c[80], *p, *str="This is a string.";
  int  i, m, n;
  printf("m,n=");
  scanf("%d,%d",&m,&n);
  if (m>strlen(str) || n<=0 || m<=0)
          printf("NULL\n");
  else
  {
   for (p=str+m-1,i=0; i<n; i++)
       if(*p)
          c[i]=*p++;
       else
          break;              /* 如读取到 '\0' 则停止循环 */
   c[i]='\0';                 /* 在c数组中加上子串结束标志 */
   printf("%s\n",c);
  }
}
```

调试程序

```
m,n=2,3
his
```

任务 7.1 指针与指针变量的定义及运用

变量在计算机内是占有一块存储区域的，变量的值就存放在这块区域之中，在计算机内部，通过访问或修改这块区域的内容来访问或修改相应的变量。C 语言中，对于变量的访问形式之一，就是先求出变量的地址，再通过地址对它进行访问，这就是下面所要学习的指针与指针变量。

指针是 C 语言中的一类数据类型的统称，这种类型的数据专门用来存储和表示内存单元的编号，以实现通过地址得以完成的各种运算。指针数据类型和数组、结构体、共用体等一样，也是一种派生数据类型。指针在 C 语言中运用非常广泛，指针能设计出更加高效、灵活、简洁的代码，就像一个学生的学号和姓名，它们都可以代表某一个学生，但是学号更通用、更规范，可以说指针是 C 语言中的“精华”。为了使语言具有广泛的适用性，C 语言标准允许编译器自行选择指针类型数据的长度。在不同的编译环境下，指针数据类型的长度可能不同；甚至在相同的编译环境中，不同的指针数据类型也可能有不同的大小。

1．指针的概念

要弄清楚什么是指针，必须先弄清楚数据在内存中的存储方式。

程序在执行过程中所需要处理的各种数据都被存放在内存中。编译系统会根据程序中定义的变量的类型，分配一定长度的空间。例如，一般为整型变量分配两个字节，为字符型变量分配一个字节。为了方便管理，内存空间被划分成了若干个大小相同（1 个字节）的存储单元，并且为每个存储单元安排了一个编号，这个编号被称为内存地址，它相当于旅馆的房间号，在地址所对应的内存单元中存放数据就相当于旅客在旅馆房间号所对应的房间中居住一样。

要学好指针一定要清楚内存单元的地址和内存单元的内容的区别。假设程序定义了两个整型变量 i，编译时系统分配 2000 和 2001 两个字节给变量 i，分配 2002 和 2003 字节给变量 j，并将 i 赋值为 5，j 赋值为 6。如图 7.1 所示，此时的表述如下：变量 i 的值是 5，变量 i 的地址是 2000；变量 j 的值是 6，变量 j 的地址是 2002。

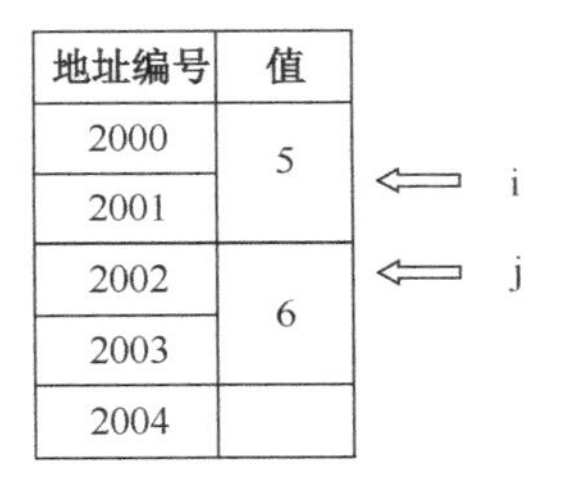

图 7.1 直接存取

在程序中一般是通过变量名来对内存单元进行存取操作的。其实程序经过编译以后已经将变量名转换为变量的地址，对变量值的存取都是通过地址进行的。例如：

```
j=i;
```

它是这样执行的：直接根据变量名与地址的对应关系（这个关系是编译时确定的），找到变量 i 的地址 2000，然后从由 2000 开始的两个字节中取出数据（变量的值 5），然后把 5 直接存入变量 j 的地址为 2002 开始的两个内存单元中，这种按变量地址存取变量值的方式称为“直接访问”方式。

在 C 语言中，还可以采用另一种称之为“间接访问”的方式，将变量 i 的地址存放在另一个变量中，C 语言中规定，可以在程序中定义指针变量，专门用于存放地址。假设现在定义了一个指针变量 p，它被分配为 3000 和 3001 两个字节，同时定义了一个整型变量 i，且变量 i 被分配 2000 和 2001 两个字节。可以通过下面的语句将 i 的地址存放到 p 中：

```
p=&i;
```

这时变量 p 的值就是 2000，也就是变量 i 所占用的单元的起始地址。如果采取“间接存取”方式，要存取变量 i 的值，就必须先找到存放“i 的地址”的变量 p，从中取出 i 的地址（2000），然后到 2000、2001 内存单元中取出 i 的值 5，如图 7.2 所示。

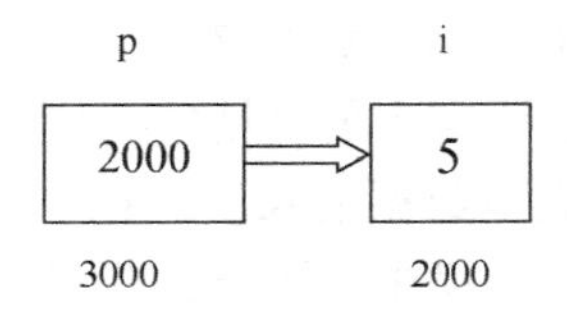

图 7.2 间接存取

由于通过地址能找到所需要的变量单元，可以说，地址指向该变量单元，因此，在 C 语言中，将地址形象化为指针。换句话说，一个变量的地址称之为该变量的“指针”，而指针变量是在一种专门存放其他变量在内存中的地址的特殊变量。指针变量的值是地址。

2．指针变量的定义

C 语言规定所有变量必须遵循先定义后使用的规则。

指针变量定义格式如下：

```
数据类型 *指针变量名;
```

例如：

```
int   *p;       /*p是指向int 型变量或整型数组的指针变量*/
float *q;       /*q是指向float 型变量的指针变量*/
char  *a,b;     /*其中a是指向char型变量的指针变量,而b是字符型的一般变量*/
int   *p[n];    /*p 为指针数组。[ ] 的优先级高于*，所以应该理解为 int *(p[n]);*/
```

那么，怎样使一个指针变量指向另外一个变量呢？可以用赋值语句使一个指针变量得到另外一个变量的地址，从而使它指向该变量。例如：

```
int  i;         /*定义i为整型变量*/
int  *p;        /*定义p为指针变量*/
p=&i;           /*将变量i的地址赋值给指针变量p*/
```

对于指针变量的使用，要注意以下几点。

（1）指针变量前面的“*”表示该变量的类型为指针变量。例如，int *p;中，指针变量名是 p，而不是*p，这是与定义整型或者字符型变量形式的不同之处。

（2）在定义指针变量时必须指定基类型。指针变量的类型是它指向的内存单元中存放数据的类型，而不是指针变量的值的类型。一个指针变量只能指向同一类型的变量。

（3）指针变量可以进行加减运算，如 p++、p+i、p-=i。指针变量的加减运算并不是简单地加上或减去一个整数，而是和指针指向的数据类型有关。

（4）给指针变量赋值时，要将一份数据的地址赋给它，不能直接赋给一个整数，如 int *p = 1000;是没有意义的，使用过程中一般会导致程序崩溃。

（5）使用指针变量之前一定要初始化，否则不能确定指针指向哪里，如果它指向的内存没有使用权限，则程序会崩溃。对于暂时没有指向的指针，建议赋值为 NULL。

（6）两个指针变量可以相减。如果两个指针变量指向同一个数组中的某个元素，那么相减的结果就是两个指针之间的元素个数。

（7）数组是有类型的，数组名的本意是表示一组类型相同的数据。在定义数组时，或者与 sizeof、&运算符一起使用时，数组名才表示整个数组，表达式中的数组名会被转换为一个指向数组的指针。

【例 7.1】通过指针变量访问整型变量。

```
#include <stdio.h>
main()
{
    int a,b;                          /*定义a,b为整型变量*/
    int *p1,*p2;                      /*定义p1,p2为指向整型变量的指针变量*/
    a=100;                            /*为变量a赋值为100*/
    b=10;                             /*为变量b赋值为10*/
    p1=&a;                            /*将a的地址赋给p1*/
    p2=&b;                            /*将b的地址赋给p2*/
    printf("%d,%d\n",a,b);            /* 输出a,b的值*/
    printf("%d,%d\n",*p1,*p2);        /*输出p1,p2所指向的变量的值*/
}
```

◎ 输出结果

```
100,10
100,10
```

3．指针变量的引用

1）深入理解两个运算符：* 与 &

设有定义语句：

```
int *p,a;
```

（1）“*”是指针运算符。“*p”出现在定义语句和非定义语句中的含义是不一样的！在定义语句中，“*”声明其后的变量 p 为一指针（地址）变量；在非定义语句中，“*p”表示指针变量 p 指向的地址单元内的值。

（2）“&”是地址运算符，“&a”表示取某一普通变量 a 的地址。显然，*(&a) 与 a 相当。

（3）p=&a;表示将 a 的地址赋给指针变量 p，即 p 与&a 指向了同一地址单元。

（4）“p=&a;”语句形式经常用到，使用时指针变量与一般变量的类型必须一致，如果 p、a 的类型不一致，那么是错误的，“p=a;”是非法的语句，“＝”两边变量意义不同，左边为指针变量，右边为普通变量。

（5）C 语言规定，不能直接将一个常数赋给指针变量（除 0 之外，代表空指针）。

【例 7.2】输入 a、b 两个整数，使用指针变量按大小顺序输出这两个整数。

```
#include <stdio.h>
main( )
 {
   int a,b,*p1,*p2,*p;
```

```
        p1=&a;
        p2=&b;
        scanf("%d,%d",p1,p2);      /*等价于语句scanf("%d,%d", &a , &b);*/
        if(*p1<*p2)                /*判断a,b整数的大小*/
        {
            p=p1;
            p1=p2;
            p2=p;
        }
        printf("a=%d,b=%d\n",a,b);
        printf("max=%d,min=%d\n",*p1,*p2);
    }
```

◎ 调试程序

```
输入：6,8
输出：6,8
max=8,min=6
```

当输入 6，8 后，由于*p1<*p2，因此将 p1 和 p2 交换。交换前的情况如图 7.3（a）所示，交换后的情况如图 7.3（b）所示。

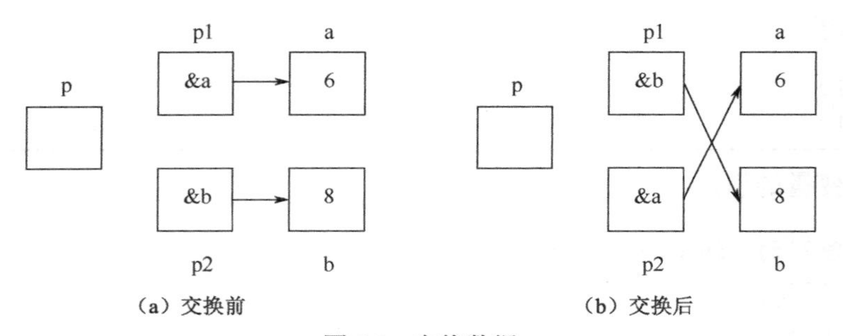

（a）交换前　　（b）交换后

图 7.3　交换数据

请注意，变量 a 和 b 的值并没有发生交换，它们仍然保持原值，但是指针变量 p1 和 p2 的值改变了。p1 的原值为&a，后来变成了&b；p2 的原值为&b，后来变成了&a。于是，在输出*p1、*p2 时，实际上是输出变量 b 和 a 的值，因此输出的结果为 8，6。

2）指针变量的算术、增量、关系等运算

设有定义语句：

```
int *p,*p1,*p2,a,n,v;
int  q[10];
```

则有以下注意事项。

（1）指针赋值运算规定，可将一个变量的地址赋给同类型的指针变量，但不能直接将常数赋给指针变量，如"p=&a;"合法，"p=5000; "非法。

（2）指针的加减运算：只有当指针变量指向数组时，指针的加减运算才有意义。指针的加减运算是以指针基类型（sizeof（类型））为单位的。p+n 表示 p+n*sizeof（指针类型），即从 p 算起，后面第 n 个数的地址。p−n 表示 p−n*sizeof（指针类型），即从 p 算起，前面第 n 个数的地址。指针变量可加减一个整型表达式，如 p1++、p2+3、p2−2。p++、p−−、++p、

--p 的结果是指向下一个（或上一个）数据的地址，而不是指向下一个（或上一个）地址单元。两个指针变量不能做加法运算，只有当两个指针变量指向同一数组时，进行指针变量相减才有实际意义。例如，当指针变量 p2 和 p1 同时指向数组 q 时，p2-p1 的结果表示两个地址之间能够存放某种类型数据的个数，当然，数据类型与指针的类型必须一致。

（3）当*与++、--结合时，应注意其优先顺序和结合性：三个运算符优先级相同，但结合顺序是从右向左。

v=*p++等价 v=*(p++)，先取 p 指向单元值赋给普通变量 v，然后 p 自增 1 指向下一数据单元。v=*++p 表示 p 先自增指向下一数据单元，再将该单元值赋给普通变量 v。v=(*p)++表示将(*p)值先赋给 v，然后(*p)内容增 1。v=++(*p)表示将(*p)内容增 1 后赋给 v。

（4）指针关系运算：指向同一数组的两个指针可以进行关系运算，表明它们所指向元素的相互位置关系。例如，p2 > p1、p2 == p1。指针与一个整型数据进行比较是没有意义的。不同类型指针变量之间比较是非法的。零可以与任何类型指针进行==、!=的关系运算，用于判断指针是否为空指针。例如，p1==0;的作用是判断指针变量 p1 是否为空。

任务 7.2　指针与数组、字符串、函数

1．指针与数组

一个数组包含若干元素，数组各元素都在内存中占用存储单元，它们都有相应的地址，而这些存储单元是连续的区域，数组名代表这块连续空间的起始地址。指针变量既可以指向地址，又可以指向数组元素的地址。通常人们习惯将数组的首地址存放到一个指针变量中，然后通过指针加减运算，存取数组各元素。

如有定义语句：

```
int x[]={1,2,3,4,5},*p=x;
```

此语句中的“*p=x”将 x 数组的首地址赋给了指针变量 p，显然，可以在定义语句中将它替换成“*p=&x[0]”的形式。用指针来指向数组元素，比用纯数组的方式操作数组方便得多，因为数组名不能运算，而指针是可以运算的。使用指针能使目标程序占用内存更少，运行速度更快。

1）指向一维数组的指针

定义一个指向数组元素的指针的方法，与定义指向变量的指针变量定义方法相同。例如：

```
int  a[10];        /*定义a为包含10个整型数据的数组*/
int   *p;          /*定义p为指向整型变量的指针变量*/
p=&a[0];           /*把元素a[0]的地址赋给指针变量p*/
```

C 语言中规定数组名（不包含形参数组名，形参数组并不占用实际的内存单元）代表数组中首地址（即数组中第一个元素的地址）。因此，下面两个语句等价：

p=&a[0]; ⟺ p=a;

注意：指针变量指向数组并不是指向整个数组，而是指向了数组中第一个元素。语句“p=a;”的作用是“把数组的首地址赋值给 p”，而不是“把数组 a 各元素的值赋值给 p”。

那么要通过指针引用数组元素，应该如何实现呢？

C 语言规定：如果指针变量 p 已指向数组中的一个元素，那么 p+1 指向同一数组中的下一个元素，而不是简单地将 p 的值（地址）加 1。例如，数组元素是 float 型，每个元素占 4 个字节，那么 p+1 意味着使 p 的值（地址）加 4 个字节，以使它指向下一个元素；又如，数组元素是 int 型，每个元素占 2 个字节，那么 p+1 意味着使 p 的值（地址）加 2 个字节，以使它指向下一个元素。也就是说，p+1 所代表的地址实际上使 p+1×d，d 代表一个数组元素所占的字节数。

在 C 语言中引用一个数组元素可以使用以下两种方法。

下标法：如 a[0]形式。

指针法：如*(a+i)或者*(p+i)。其中，a 是数组名，p 是指向数组元素的指针变量，初值为数组 a 的首地址。

例如，有语句如下：

```
int a[10],*p;
```

（1）数组名是该数组的指针，a 是数组的首地址（即 a[0]的地址），是一个指针常量，有 a = &a[0],a+1 = &a[1], … ,a+9 = &a[9]。

数组元素的下标表示法：a[0],a[1], … ,a[i], … ,a[9]。

数组元素的指针表示法：*(a+0),*(a+1), … ,*(a+i), … ,*(a+9)。

（2）指向一维数组元素的指针变量：由于数组元素也是一个内存变量，所以此类指针变量的定义、使用与指向变量的指针变量相同。

例如，有语句如下：

```
int a[10],*p;
p = a;          /*相当于p = &a[0];*/
```

此时 p 指向 a[0]，下面用 p 来表示数组元素。

下标表示法：p[0],p[1], … ,p[i], … ,p[9]。

指针表示法：*(p+0),*(p+1), … ,*(p+i), … ,*(p+9)。

注意：*用指针变量引用数组元素，必须关注指针变量的当前值。如果指针变量 p 的初始值不一样，那么用 p 表示数组元素时会有一定的差异。*

例如：

```
p = p + 3;
```

此时，指针变量 p 指向第四个数组元素 a[3]，那么 p[0]、*(p+0)等价于 a[3]，而*(p−1)、p[−1]等价于 a[2]; *(p+1)、p[1]等价于 a[4]，以此类推。

【例 7.3】利用指针输出一维数组中的所有元素。

```
#include<stdio.h>
main()
{
    int a[]={1,2,3,4,5},*p, i;
    p=a;                          /*将数组a的首地址赋值给指针变量p*/
     for(i=0;i<5;i++)
    printf("\n %d,%d,%d,%d",a[i], *(a+i),p[i], *(p+i) );
}
```

◎ 输出结果

```
1,1,1,1
2,2,2,2
3,3,3,3
4,4,4,4
5,5,5,5
```

程序中的 printf()函数展示了对一维数组元素的四种等价表示形式。假如数组 a 的首地址是 2000，那么 p 指向内存单元 2000，则该数组在内存中的存放形式及数组元素的表示形式如图 7.4 所示。

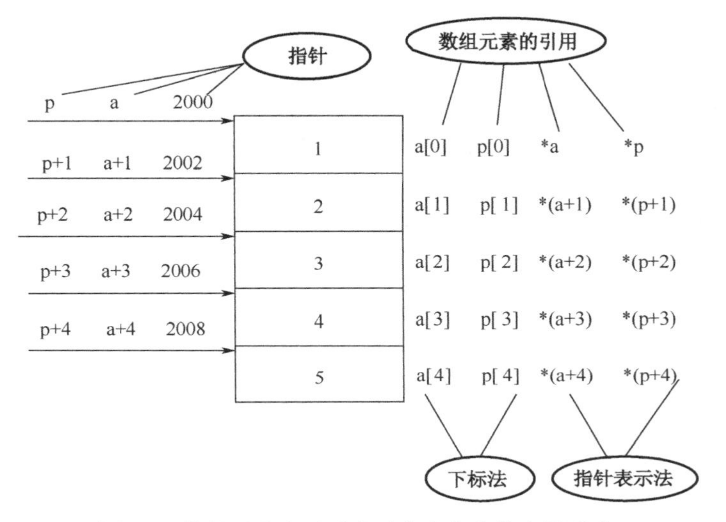

图 7.4 数组元素表示形式及在内存中的存放形式

【例 7.4】输入 5 个整数，使用指针变量将这五个数按从小到大的顺序排列后输出。

```
#include<stdio.h>
main( )
{
    int a[5],*pp,*p,*q,t;
    for (p=a; p<a+5;p++)         /*输入5个整数,并且分别存放到数组a中*/
      scanf("%d",p);
    for (p=a; p<a+4; p++)        /*使指针变量p指向数组a*/
    {
        pp=p;
        for (q=p+1; q<a+5; q++) /*比较大小*/
          if(*pp>*q)
              pp=q;
          if (pp!=p)             /*如果本轮比较出的较小值不等于*p,那么交换值*/
         {
            t=*p;
            *p=*pp;
            *pp=t;
         }
```

```
    }
    for (p=a; p<a+5; p++)
    printf("%d ",*p);           /*输出数组的值,并且每输出一个空一格*/
}
```

◎ 输出结果

```
输入: 54 65 12 34 2
输出: 2 12 34 54 65
```

2）指向二维数组的指针

（1）二维数组的地址。

例如，有定义语句：

```
int a[3][3]={0,1,2,10,11,12,21,22,23};
```

其中，二维数组名 a 是数组的首地址。

二维数组 a 包含三个行元素：a[0]、a[1]、a[2]。

三个行元素的地址分别是 a、a+1、a+2。而 a[0]、a[1]、a[2]也是地址量，是一维数组名，即*(a+0)、*(a+1)、*(a+2)是一维数组首个元素地址，如图 7.5 所示。

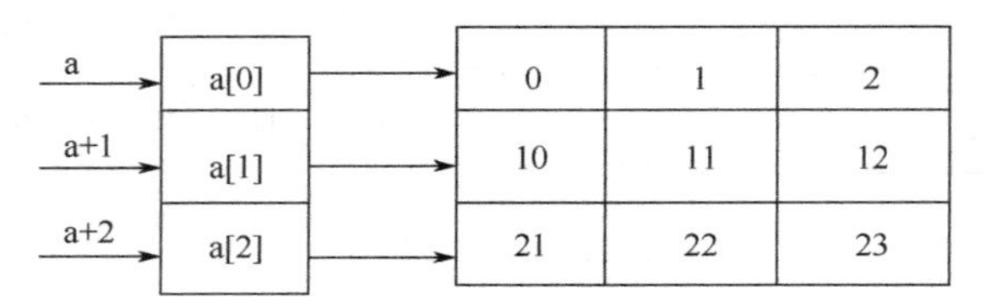

图 7.5　二维数组的地址

（2）二维数组元素的地址。

a[0]、a[1]、a[2]是一维数组名，所以 a[i]+j 是数组元素的地址。

数组元素 a[i][j]的地址可以表示为&a[i][j]、a[i]+j ，如图 7.6 所示。

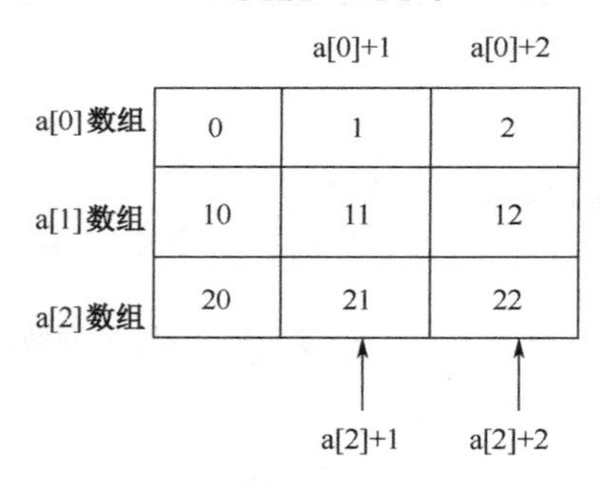

图 7.6　二维数组元素的地址

（3）二维数组元素的表示法。

数组元素可用下列形式表示：a[i][j]、*(a[i]+j)、*(*(a+i)+j)

a 是二维数组，根据 C 的地址计算方法，a 经过两次 * 操作才能访问到数组元素。所以，*a 是 a[0]，**a 才是 a[0][0]；a[0]是 a[0][0]的地址，*a[0]是 a[0][0]。

（4）指向二维数组元素的指针变量。

【例 7.5】 用指向数组元素的指针变量输出数组元素，请注意数组元素表示方法。

```
main( )
{ int a[3][4]={{0,1,2,3},{10,11,12,13},{20,21,22,23}}, i, j, *p;
  for (p=a[0], i=0; i< 3; i++)
   { for (j=0; j< 4; j++)
        printf("%4d",*(p+i*4+j));  /* 元素的相对位置为i*4+j */
     printf("\n");
   }
}
```

此程序中定义了一个二维数组 a 和一个指向整型变量的指针变量 p，并将数组首地址赋值给指针变量 p，通过改变变量 i、j 的值，来输出数组元素的值，在整个过程中，指针变量 p 的值没有发生改变。

◎ 输出结果

```
0    1    2    3
10   11   12   13
20   21   22   23
```

2. 指针与字符串

C 语言对字符串是按照字符数组来处理的，在内存中开辟了一个字符数组来存放该字符串常量。与数值型数组一样，也可用字符型的指针变量指向字符串，再通过指针变量来访问字符串存储区域。

设有如下语句：

```
char *cp;
cp="love";
```

则 cp 指向字符串"love"常量的首字符'a'，如图 7.7 所示，程序中可通过 cp 来访问这一存储区域。

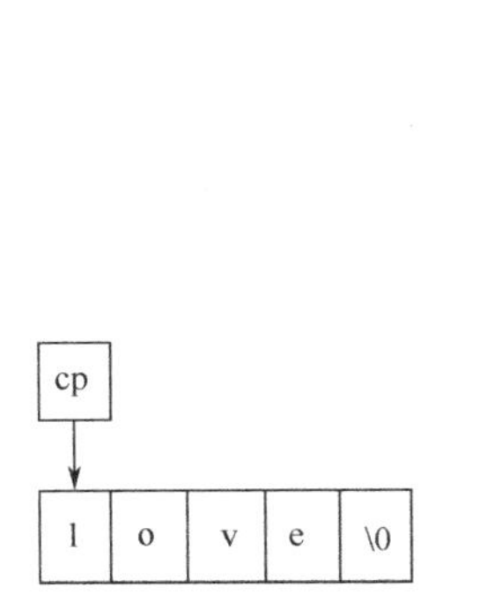

图 7.7　指针与字符串

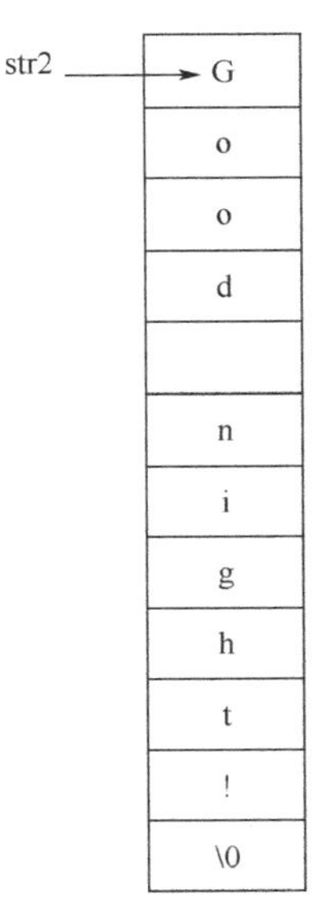

图 7.8　字符指针

【例 7.6】通过初始化使指针指向一个字符串。

```
#include "stdio.h"
main( )
  {
    char str1[ ]="Good morning!";
         /*定义一个字符数组*/
    char *str2="Good night!";
         /*定义一个指向字符串的指针变量*/
    printf("%s\n",str1);
    printf("%s\n",str2);
  }
```

◎ 输出结果

```
Good morning!
Good night!
```

对字符指针 str2 进行初始化，实际上是把字符串的第一个元素的地址（即存放字符串的首地址）赋给了 str2，如图 7.8 所示。

定义指针变量 str2 部分：

```
char *str2="Good night!";
```

其等价于下面两行语句：

```
char *str2;
str2="Good night!";
```

在输出时，要使用语句：

```
printf("%s\n", str2);
```

%s 是输出字符串格式控制符，在输出项时要使用字符指针变量名 str2，此时系统先输出指针所指向的字符，再自动使指针值加 1，使之指向下一个字符，再输出一个字符……直到遇到字符串结束符'\0'为止。注意，在内存中，字符串的最后都被自动加上了一个'\0'，如图 7.8 所示，因此，在输出时能确定字符串的终止位置。

注意：通过字符数组名或者字符指针变量可以输出一个字符串，对字符串中字符的存取，可以用下标法也可以用指针法。而对数值型数组是不能用数组名输出其全部元素的。

例如：

```
int a[3]={1,2,3};
printf("%d",a)
```

这种语句是错误的，数值型数组只能进行逐个元素的输出。

【例 7.7】使用指向数组的指针输出数值数组的各个元素的值。

```
#include <stdio.h>
int main( )
{   int arr[] = { 99, 15, 100, 888, 252 };
    int i, *p = arr, len = sizeof(arr) / sizeof(int);
    for(i=0; i<len; i++)
     printf("%d  ", *(p+i) );
    printf("\n");
    return 0;
}
```

◎ 输出结果

```
99, 15, 100, 888, 252
```

3. 指针与函数

1）指针变量做函数参数

在 C 语言中，函数的参数不仅可以是整数、小数、字符等具体的数据，还可以是指向它们的指针。用指针变量做函数参数可以将函数外部的地址传递到函数内部，使得在函数内部可以操作函数外部的数据，并且这些数据不会随着函数的结束而被销毁。数组、字符串、动态分配的内存等都是一系列数据的集合，没有办法通过一个参数将数据全部传入函数内部，只能传递它们的指针，在函数内部通过指针来影响这些数据集合。

有的时候，对于整数、小数、字符等基本类型数据的操作也必须借助指针，一个典型的例子就是交换两个变量的值。有些初学者可能会使用下面的方法来交换两个变量的值。

【例 7.8】交换两个变量的值。

```
#include <stdio.h>
void swap(int a, int b)
{   int temp;  /*临时变量*/
    temp = a;
    a = b;
    b = temp;
}

int main(){
    int a = 66, b = 99;
    swap(a, b);
    printf("a = %d, b = %d\n", a, b);
    return 0;
}
```

◎ 输出结果

```
a = 66, b = 99
```

从结果可以看出，a、b 的值并没有发生改变，交换失败。这是因为 swap()函数内部的 a、b 和 main()函数内部的 a、b 是不同的变量，占用不同的内存，它们除了名称一样之外，没有其他任何关系，swap()函数交换的是它内部 a、b 的值，不会影响它外部（main()内部）a、b 的值。

改用指针变量做参数后很容易就能解决上面的问题。

【例 7.9】使用指针交换两个变量的值。

```
#include <stdio.h>
swap(int *p1, int *p2)
 { int temp;  /*临时变量*/
    temp = *p1;
    *p1 = *p2;
    *p2 = temp;
 }
```

```
int main()
 { int a = 66, b = 99;
   swap(&a, &b);
   printf("a = %d, b = %d\n", a, b);
   return 0;
 }
```

◎ 输出结果

```
a = 99, b = 66
```

调用 swap()函数时，将变量 a、b 的地址分别赋值给 p1、p2，这样*p1、*p2 代表的就是变量 a、b 本身，交换 *p1、*p2 的值也就是交换 a、b 的值。函数运行结束后虽然会将 p1、p2 销毁，但它对外部 a、b 造成的影响是“持久化”的，不会随着函数的结束而“恢复原样”。

2）用指针作为函数返回值

C 语言允许函数的返回值是一个指针（地址），我们将这样的函数称为指针函数。

下面的例子定义了一个函数 strlong()，用来返回两个字符串中较长的一个。

【例 7.10】编写程序，从键盘上输入两个字符串，输出较长的字符串。

```
#include <stdio.h>
#include <string.h>
char *strlong(char *str1, char *str2)
   { if(strlen(str1) >= strlen(str2))
       { return str1;  }
     else
       { return str2;  }
   }
int main( )
{ char str1[30], str2[30], *str;
   gets(str1);
   gets(str2);
   str = strlong(str1, str2);
   printf("Longer string:  %s\n", str);
   return 0;
}
```

◎ 输出结果

```
C Language↙
c.biancheng.net↙
Longer string:  c.biancheng.net
```

用指针作为函数返回值时需要注意的一点是，函数运行结束后会销毁在它内部定义的所有局部数据，包括局部变量、局部数组和形式参数，函数返回的指针尽量不要指向这些数据，C 语言没有任何机制来保证这些数据会一直有效，它们在后续使用过程中可能会引起运行时错误，下面通过例 7.11 和例 7.12 来说明这个问题。

【例 7.11】

```
#include <stdio.h>
int *func()
{ int n = 100;
  return &n;
}
int main()
{   int *p = func(), n;
    n = *p;
    printf("value = %d\n", n);
    return 0;
}
```

◎ 输出结果

```
value = 100
```

n 是 func()内部的局部变量，func()返回了指向 n 的指针，函数 func()运行结束后 n 将被销毁，使用*p 应该获取不到变量 n 的值。但是从运行结果来看，函数 func()运行结束后*p 依然可以获取局部变量 n 的值，程序仍然输出了变量 n 的值，这是什么原因呢？为了进一步看清问题出现在哪里，例 7.12 的程序在第 7 行和 8 行之间增加了一个 printf 函数调用，看看程序的输出结果。

【例 7.12】增加 printf 函数调用。

```
#include <stdio.h>
int *func( )
    {  int n = 100;
    return &n;
    }
int main( )
  { int *p = func( ), n;
    printf("c.biancheng.net\n");
    n = *p;
    printf("value = %d\n", n);
    return 0;
  }
```

◎ 输出结果

```
c.biancheng.net
value = -2
```

通过程序输出结果可以看到，现在 p 指向的数据已经不是原来 n 的值，它变成了一个毫无意义值。与前面的程序相比，该段程序仅仅是在 n=*p;语句之前增加了一个 printf 函数调用，func()运行结束后 n 的内存依然保持原样，值仍然是 100，如果使用及时也能够得到正确的数据，如果有其他函数被调用，则会覆盖这块内存，得到的数据就失去了意义。

3）C 语言函数指针（指向函数的指针）

一个函数总是占用一段连续的内存区域，函数名在表达式中有时也会被转换为该函数所在内存区域的首地址，这和数组名非常类似。我们可以把函数的这个首地址（或称入口地址）赋予一个指针变量，使指针变量指向函数所在的内存区域，然后通过指针变量就可以找到并调用该函数，这样的指针就是函数指针。

函数指针的定义形式如下：

```
returnType (*pointerName)(param list);
```

returnType 为函数返回值类型，pointerName 为指针名称，param list 为函数参数列表。参数列表中可以同时给出参数的类型和名称，也可以只给出参数的类型，省略参数的名称，这一点和函数原型非常类似。

注意：()的优先级高于*，第一个括号不能省略，如果写为 returnType *pointerName(param list); 就是函数原型，它表明函数的返回值类型为 returnType *（指针类型）。

【例 7.13】用指针来实现对函数的调用。

```
#include <stdio.h>
int max(int a, int b)
{ return a>b ? a : b;                    /*返回两个数中较大的一个*/
}
int main()
{   int x, y, maxval;
    int (*pmax)(int, int) = max;         /*定义函数指针*/
    printf("Input two numbers: ");
    scanf("%d %d", &x, &y);
    maxval = (*pmax)(x, y);
    printf("Max value: %d\n", maxval);
    return 0;
}
```

◎ 输出结果

```
Input two numbers: 10 50↙
Max value: 50
```

语句 maxval = (*pmax)(x,y)对函数进行了调用。pmax 是一个函数指针，在前面加 * 表示对它指向的函数进行调用。

任务 7.3 结构体和共用体

1. 结构体

前面已经学习了 C 语言的基本数据类型的变量（如整型、字符型、浮点型变量），也学习了一种构造类型数据——数组，其中数组中各元素属于同一种类型。

但是只有这些数据类型是不够的，有时需要将不同数据类型组合成一个有机的整体，以便引用。这些组合在一个整体中的数据是互相联系的，例如，一个学生的信息有学号、姓名、性别、年龄、地址、成绩等；一本图书的信息有分类编号、书名、作者、出版社、出版日期、价格、库存量等。

那么在 C 语言中如何描述这些类型不同的相关数据呢？

C 语言中允许用户自己指定这样一种数据结构：它是由若干个类型不同的（也可以相同）的数据项组合在一起的，称为结构体。构成结构体的各个数据项称为结构体成员。结构体相当于其他高级语言中的“记录”。

1）结构体定义的一般格式

```
struct  结构体名
{
  数据类型1    成员名1;
  数据类型2    成员名2;
     ......
  数据类型n    成员名n;
 };
```

注意：

（1）不要忽略了最后的分号。

（2）struct 为结构体关键字。

（3）结构体名是用户定义的类型标识符，用做结构体类型的标志。

（4）结构体是一种构造类型，它是由若干“成员”组成的。{ }中是组成该结构体的成员，每一个成员可以是一个基本数据类型或者是一个构造类型。

例如，以下定义一个名为 student 的学生类型的结构体。

```
struct student
{     char num[8];            /* 学号是字符数组类型 */
      char name[30];          /* 姓名是字符数组类型 */
      char sex;               /* 性别是字符型 */
      int age;                /* 年龄是整型 */
      char addr[60];          /* 地址是字符数组类型 */
      int score[6];           /* 成绩是整型数组类型 */
 };
```

2）结构体类型变量的定义

结构体和前面学习的数据类型一样，在计算机中是没有存储空间的，若用自己定义的结构体类型存储数据和编程，则需要用结构体定义变量。

定义说明结构体变量有以下 3 种方法。

（1）直接定义结构体类型变量。

```
struct
       {
         成员定义表;
       } 变量名表;
```

例如：

```
struct
       {  char num[8],name[20],sex;
          int age;
          float score;
       }st, a, b, c;
```

这一种方法在定义结构体变量时没有定义结构体类型名，后面程序中不能再定义相同类型的结构体变量。

（2）在定义结构体类型的同时定义变量。

```
struct  结构体名
        {
          成员定义表;
        }变量名表;
```

例如：

```
        struct student
          { char num[8],name[20],sex;
            int age;
            float score;
          }st;
```

（3）利用已定义的结构体类型名定义变量。

```
struct 结构体名   变量名表;
```

例如：

```
        struct student
              { char num[8],name[20],sex;
                int age;
                float score;
               };
        struct student   t1, t2;
```

注意：

（1）按照结构体类型的组成，系统为定义的结构体变量分配内存单元，结构体变量的各个成员在内存中占用连续存储区域，结构体变量所占内存大小为结构体中每个成员所占用内存的长度之和。

如图 7.9 所示，结构体变量 stu 在内存中所占字节数为 35（即 8＋20＋1＋2＋4）。

例如：

```
struct student
{ char num[8],name[20],sex;
  int age;
  float score;
}stu;
```

num[8]	占8个字节
name[20]	占20个字节
sex	占1个字节
age	占2个字节
score	占4个字节

图 7.9　变量 stu 内存分配

（2）对结构体中的成员，可以单独使用，它的作用与地位相当于普通变量。

（3）成员名可与程序中的变量名相同，也可与不同结构体类型的成员名相同，二者代表不同的对象，不会产生冲突。

（4）结构体和数组类似，也是一组数据的集合，整体使用没有太大的意义。

（5）结构体是一种自定义的数据类型，是创建变量的模板，不占用内存空间；结构体变量包含了实际的数据，需要内存空间来存储。

3）结构体变量的初始化

【例 7.14】结构体变量的初始化。

```
struct date
  {
    int year, month, day;
  };
struct student
  {
    char num[8], name[20], sex;
    struct date  birthday;
    float score;
  }a={"9606011","Li ming",'M',{1977,12,9},83},
   b={"9608025","Zhang liming",'F',{1978,5,10},87},c;
```

对结构变量的初始化，如果初值个数少于结构体成员个数，则将无初值对应的成员赋予 0 值。如果初值个数多于结构体成员个数，则编译出错。

4）结构体变量的运算

（1）同类型结构体变量之间进行赋值时，系统将按成员一一对应赋值。

例如：

```
struct date
{
    int year, month, day;
};
struct student
{
    char num[8], name[20], sex;
    struct date  birthday;
    float score;
}a={"9606011","Li ming",'M',{1977,12,9},83},b,c;
c = a;
```

（2）对结构体变量进行取址运算：对以上结构体变量 a 进行 &a 运算，可以得到 a 的首地址，结果为结构体类型指针。

5）结构体变量成员的引用

在定义了结构体变量以后，可以引用这个变量。结构体变量成员引用使用点运算符，其一般形式如下：

```
结构体变量名.成员名
```

例如，定义结构体变量：

```
struct date
  {
    int year, month, day;
```

```
    };
    struct student
    {
     char num[8], name[20], sex;
     struct date  birthday;
     float score;
    }a;
```

结构体变量 a 的各成员可分别表示为 a.num、a.name、a.sex、a.birthday.year、a.birthday.month、a.birthday.day、a.score。

结构体变量成员引用时应该遵循以下规则。

（1）不能直接将一个结构体变量作为一个整体进行输入输出，只能对结构体变量中的成员分别进行输入和输出。

（2）如果成员本身又属于一个结构体类型，则要用若干个点运算符，一级一级地找到最低一级的成员。

（3）对结构体变量的成员可以像普通变量一样进行各种运算（当然，要根据成员的数据类型来决定）。

（4）可以引用结构体成员的地址，也可以引用结构体变量的地址。结构体变量的地址的主要作用是作为函数的参数，来传递结构体变量的地址。

6）结构体数组

结构体数组是指数据类型为结构体类型的数组，其元素还包含若干成员。结构体数组的定义、引用、初始化与结构体变量大同小异。

例如，定义一个长方体结构 shape（包含 len、width、high 三个成员），用它定义结构数组 box（含 10 个长方体）和一个结构体变量 cone（立方体）：

```
struct shape
  {
    float len;
    float width;
    float high;
  }box[10],cone;
```

在引用时把结构体数组元素名作为一个整体（变量名）对待，如给第 5 个长方体的宽赋值 98，可使用如下语句：

```
box[4].width=98;
```

普通的结构体变量与结构体数组变量的区别就在于前者只是单个变量，而后者每一个元素又包括若干成员。结构体数组的输入、输出常用循环方式，这点与普通数组的输入、输出方法是一样的。

【例 7.15】 编写程序解决统计选票问题，有五位候选人，分别统计他们所得选票数。

定义结构体 candidate 描述候选人得票信息，程序由输入每位候选人的票数、统计及输出 3 个模块组成，程序代码如下。

```
#include<stdio.h>
#include<string.h>
struct candidate
  {
    char name[20];                /* name为候选人姓名 */
```

```
        int count;                     /* count为候选人得票数 */
      }list[ ]={{"invalid",0},{"Zhao",0},{"Qian",0},{"Sun",0},{"Li",0},
{"Zhou",0}};
    main( )
    {
       int i,n;
       printf("Enter vote\n");
       scanf("%d",&n);  /* 输入所投候选人编号，编号从1开始 */
       while (n!=-1)                   /* 当输入编号为-1时，表示投票结束 */
        {
         if (n>=1 && n<=5)
           list[n].count++;            /* 有效票，则相应候选人计票成员加1 */
         else
         {
          printf("invalid\n");
          list[0].count++;
          }      /* 无效票，list[0]的计票成员加1 */
          scanf("%d",&n);              /* 输入所投候选人编号 */
        }
        for (i=1; i<=5; i++)
        printf("%s: %d\n",list[i].name,list[i].count);
        printf("%s: %d\n",list[0].name,list[0].count);
     }
```

【例 7.16】某书店新购进了 N 种新书，输入其书名、册数、单价，按金额降序排列，若金额相同，则按它们的书名升序排列。

定义结构体 bk 来专门描述书的信息，本例中程序主要由输入、多重排序和输出 3 个模块组成，程序代码如下。

```
    #include<stdio.h>
    #include <string.h>
    #define N 5
    struct bk
    { char name[20];
      int num;
      float dj;
      float je;
    }book[N],temp;
    main()
    {
      int i,j;
      clrscr();
      for(i=0;i<N;i++)         /* 赋初值并计算金额 */
       {
        scanf("%s",book[i].name);
        scanf("%d",&book[i].num);
        scanf("%f",&book[i].dj);
        book[i].je=book[i].num*book[i].dj;
```

```
    }
    for(i=0;i<N;i++)        /* 输出*/
    printf("\n%-20s\t%-.2f",book[i].name,book[i].je);
    printf("\n\n");
    for(i=0;i<N-1;i++)        /* 按各种新书的册数升序排 列*/
     for(j=0;j<N;j++)
        if(book[j].je>book[i].je)
         {
          temp=book[i];
          book[i]=book[j];
          book[j]=temp;    /* 交换两个结构体的数组元素*/
         }
else if(book[j].je==book[i].je)
     if(strcmp(book[j].name,book[i].name)<0)
    {
     temp=book[i];
     book[i]=book[j];
     book[j]=temp;
    }
for(i=0;i<N;i++)         /* 输出排序后的结果 */
 printf("\n%-20s\t%d\t%-.2f",book[i].name,book[i].name,book[i].je);
}
```

2. 共用体

结构体是一种构造类型或复杂类型，它可以包含多个类型不同的成员。在 C 语言中，还有另一种和结构体非常类似的类型，即共用体。几种不同类型的变量存放到同一段内存单元中。也就是说，使用覆盖技术，几个变量互相覆盖。这种几个不同的变量共同占用一段内存的结构称为共用体，共用体有时也被称为联合或者联合体。

1）共用体的定义

几个不同类型的变量存放在同一段内存单元中（它们的起始地址是一样的），共用体变量的定义和结构体变量的定义一样。其存储形式如图 7.10 所示。

共用体定义的一般形式如下：

```
union 共用体名
{ 成员表列
} 变量表列;
```

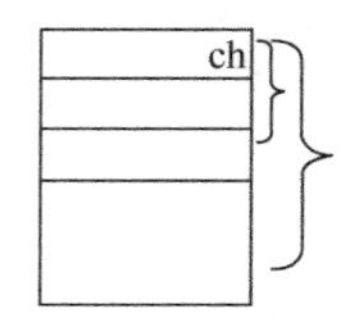

图 7.10 共用体的存储形式

定义说明共用体变量可以使用以下 3 种形式。

（1）定义共用体类型的同时定义变量。

```
union data
```

```
{ int i;
  char ch;
  float f;
} a,b,c;
```

（2）先定义共用体类型，再定义共用体变量。

```
union data
{ int i;
  char ch;
  float f;
}
union data a,b,c;
```

（3）如果不再另外定义共用体变量，则可以省略共用体类型名，直接定义共用体变量。

```
union
{ int i;
  char ch;
  float f;
} a,b,c;
```

注意：

（1）结构体和共用体的区别在于，结构体的各个成员会占用不同的内存，相互之间没有影响；而共用体的所有成员占用同一段内存，修改一个成员会影响其余所有成员。

（2）结构体占用的内存大于等于所有成员占用的内存的总和，共用体占用的内存等于最长的成员占用的内存。共用体使用了内存覆盖技术，同一时刻只能保存一个成员的值，如果对新的成员进行赋值，就会把原来成员的值覆盖。

2）共用体变量的引用方式

只有先定义了共用体变量才能引用它，对共用体变量，不能直接引用共用体变量名，而只能引用共用体变量中的成员，使用点运算符可引用共用体变量的成员。

例如，

a.i、a.ch、a.f。

3）共用体类型数据的特点

在使用共用体类型数据时要注意以下几点。

（1）共用体变量中的成员不能同时起作用，在某一时刻只能有一个成员起作用（有意义），其他成员则是无意义的。起作用的成员是最后一次存入数据的成员。来看下面的两个例子。

【例 7.17】共用体变量的引用（1）。

```
#include<stdio.h>
main()
{ union data
  { int i;
    char ch;
  } a;
  a.ch='a';
  printf("\n%d,%d\n",a.ch,a.i);
  a.i=266;
```

```
    printf("\n%d,%d\n",a.ch,a.i);
  }
```

◎ 输出结果

这是一个随机值，与具体的机器有关

```
  97, 2130567265
  10,266
```

【例 7.18】共用体变量的引用（2）。

```
  #include <stdio.h>
  union data{
     int n;
     char ch;
     short m;
  };
  int main(){
     union data a;
     printf("%d, %d\n", sizeof(a), sizeof(union data) );
     a.n = 0x40;
     printf("%X, %c, %hX\n", a.n, a.ch, a.m);
     a.ch = '9';
     printf("%X, %c, %hX\n", a.n, a.ch, a.m);
     a.m = 0x2059;
     printf("%X, %c, %hX\n", a.n, a.ch, a.m);
     a.n = 0x3E25AD54;
     printf("%X, %c, %hX\n", a.n, a.ch, a.m);

     return 0;
  }
```

◎ 输出结果

```
  4, 4
  40, @, 40
  39, 9, 39
  2059, Y, 2059
  3E25AD54, T, AD54
```

在编写程序时，如何知道应该使用共用体变量中的哪一个成员呢？一般而言，使用一个变量用来标记应使用的那个成员。例如：

```
  struct
  { union
    { int i;
     char ch;
     float f;
     } da;
    int type; /*type是标记使用哪个成员的变量*/
  } a;
  ......
```

```
    a.da.f=1.5;
    a.type=3;
    ......
    switch (a.type)
    {  case 1:  printf("%d\n",a.da.i); break;
       case 2:  printf("%c\n",a.da.ch); break;
       case 3:  printf("%f\n",a.da.f); break;
    }
    ......
```

（2）共用体变量的地址与它的各成员的地址是一样的，即&a=&a.i=&a.ch。

（3）不能对共用体变量名进行赋值，也不能企图引用变量名来得到一个值，不能直接引用共用体变量名，也不能对它进行初始化。

（4）可以使用指向共用体变量的指针作为函数参数。

（5）结构体类型的成员可以是共用体类型的，共用体的成员也可以是结构体的，也可以定义共用体数组。

4）共用体的应用

共用体在一般的编程中应用较少，在单片机中应用较多。PC 经常使用到的一个实例如下：现有一张关于学生信息和教师信息的表格，学生信息包括姓名、编号、性别、职业、分数，教师信息包括姓名、编号、性别、职业、教学科目，如表 7.1 所示。

表 7.1　原始数据

Name	Num	Sex	Profession	Score/Course
HanXiaoXiao	501	f	s	89.5
YanWeiMin	1011	m	t	math
LiuZhenTao	109	f	t	English
ZhaoFeiYan	982	m	s	95.0

f 和 m 分别表示女性和男性，s 表示学生，t 表示教师。可以看出，学生和教师所包含的数据是不同的。现在要求把这些信息放在同一个表格中，并设计程序输入人员信息后输出。如果把每个人的信息都看做一个结构体变量，那么教师和学生的前 4 个成员变量是一样的，第 5 个成员变量可能是 score 或者 course。当第 4 个成员变量的值是 s 的时候，第 5 个成员变量就是 score；当第 4 个成员变量的值是 t 的时候，第 5 个成员变量就是 course。

经过上面的分析，可以设计一个包含共用体的结构体：

```
#include <stdio.h>
#include <stdlib.h>
#define TOTAL 4  /*人员总数*/
struct{
    char name[20];
    int num;
    char sex;
    char profession;
    union{
        float score;
        char course[20];
```

```
        } sc;
    } bodys[TOTAL];

    int main(){
        int i;
                                                        //输入人员信息
        for(i=0; i<TOTAL; i++){
            printf("Input info:  ");
            scanf("%s %d %c %c", bodys[i].name, &(bodys[i].num),
&(bodys[i].sex), &(bodys[i].profession));
            if(bodys[i].profession == 's'){             //如果是学生
                scanf("%f", &bodys[i].sc.score);
            }else{                                      //如果是老师
                scanf("%s", bodys[i].sc.course);
            }
            fflush(stdin);
        }
                                                        //输出人员信息
        printf("\nName\t\tNum\tSex\tProfession\tScore / Course\n");
        for(i=0; i<TOTAL; i++){
            if(bodys[i].profession == 's'){             //如果是学生
                printf("%s\t%d\t%c\t%c\t\t%f\n", bodys[i].name, bodys[i].num,
bodys[i].sex, bodys[i].profession, bodys[i].sc.score);
            }else{                                      //如果是老师
                printf("%s\t%d\t%c\t%c\t\t%s\n", bodys[i].name, bodys[i].num,
bodys[i].sex, bodys[i].profession, bodys[i].sc.course);
            }
        }
        return 0;
    }
```

输出结果

```
Input info:  HanXiaoXiao 501 f s 89.5↙
Input info:  YanWeiMin 1011 m t math↙
Input info:  LiuZhenTao 109 f t English↙
Input info:  ZhaoFeiYan 982 m s 95.0↙

Name            Num     Sex     Profession      Score / Course
HanXiaoXiao     501     f       s               89.500000
YanWeiMin       1011    m       t               math
LiuZhenTao      109     f       t               English
ZhaoFeiYan      982     m       s               95.000000
```

课后练习

一、选择题

1．变量的指针，其含义是指该变量的（　　）。

A．值　　B．地址　　C．名　　D．一个标志

2．已有定义 int k=2;int *ptr1,*ptr2;，且 ptr1 和 ptr2 均已指向变量 k，下面不能正确执行的赋值语句是（　　）。

A．k=*ptr1+*ptr2　　B．ptr2=k

C．ptr1=ptr2　　D．k=*ptr1*(*ptr2)

3．若有说明 int *p,m=5,n;，则以下程序段正确的是（　　）。

A．p=&n ;
scanf("%d",&p);

B．p = &n ;
scanf("%d",*p);

C．scanf("%d",&n);
*p=n ;

D．p = &n ;
*p = m ;

4．已有变量定义和函数调用语句：int a=25;print_value(&a);。下面函数的输出结果是（　　）。

```
void print_value(int *x)
{
  printf("%d\n",++*x);
}
```

A．23　　B．24　　C．25　　D．26

5．若有说明：int *p1, *p2,m=5,n;，则以下均是正确赋值语句的选项是（　　）。

A．p1=&m; p2=&p1;　　B．p1=&m; p2=&n; *p1=*p2;

C．p1=&m; p2=p1;　　D．p1=&m; *p1=*p2;

6．若有语句：int *p,a=4;和 p=&a;，则下面均代表地址的一组选项是（　　）。

A．a,p,*&a　　B．&*a,&a,*p　　C．*&p,*p,&a　　D．&a,&*p,p

7．以下判断正确的是（　　）。

A．char *a="china"; 等价于 char *a; *a="china";

B．char str[10]={ "china"}; 等价于 char str[10]; str[ ]={ "china";}

C．char *s="china"; 等价于 char *s; s="china";

D．char c[4]= "abc",d[4]= "abc"; 等价于 char c[4]=d[4]= "abc";

8．下面程序段中，for 循环的执行次数是（　　）。

```
char *s="\ta\018bc" ;
for ( ; *s!= '\0' ; s++) printf("*") ;
```

A．9　　B．7　　C．6　　D．5

9．下面能正确进行字符串赋值操作的是（　　）。

A．char s[5]={ "ABCDE"};　　B．char s[5]={ 'A', 'B', 'C', 'D', 'E'};

C．char *s ; s="ABCDE"; D．char *s; scanf("%s",s);

10．下面程序段的运行结果是（　　）。

```
char *s="abcde";
s+=2 ; printf("%d",s);
```

A．cde B．字符'c' C．字符'c'的地址 D．不确定

11．设 p1 和 p2 是指向同一个字符串的指针变量，c 为字符变量，则以下不能正确执行的赋值语句是（　　）。

A．c=*p1+*p2 B．p2=c C．p1=p2 D．c=*p1*(*p2)

12．设有程序段：char s[ ]= "china"; char *p ; p=s ;则下面叙述正确的是（　　）。

A．s 和 p 完全相同

B．数组 s 中的内容和指针变量 p 中的内容相等

C．s 数组长度和 p 所指向的字符串长度相等

D．*p 与 s[0]相等

13．以下说明不正确的是（　　）。

A．char a[10]= "china" ; B．char a[10],*p=a; p="china";

C．char *a; a="china" ; D．char a[10],*p; p=a="china";

14．设有说明语句：

```
char a[]="It is mine";char *p="It is mine";
```

则以下叙述不正确的是（　　）。

A．a+1 表示的是字符 t 的地址

B．p 指向另外的字符串时，字符串的长度不受限制

C．p 变量中存放的地址值可以改变

D．a 中只能存放 10 个字符

15．若已定义 char s[10];，则下列表达式中不表示 s[1]的地址的是（　　）。

A．s+1 B．s++ C．&s[0]+1 D．&s[1]

16．若有定义 int a[5],*p=a;，则对 a 数组元素的正确引用是（　　）。

A．*&a[5] B．a+2 C．*(p+5) D．*(a+2)

17．若有定义 int a[5],*p=a;，则对 a 数组元素地址的正确引用是（　　）。

A．p+5 B．*a+1 C．&a+1 D．&a[0]

18．若有定义 int a[2][3];，则对 a 数组的第 i 行第 j 列元素值的正确引用是（　　）。

A．*(*(a+i)+j) B．(a+i)[j] C．*(a+i+j) D．*(a+i)+j

19．若有定义 int a[2][3];，则对 a 数组的第 i 行第 j 列元素地址的正确引用是（　　）。

A．*(a[i]+j) B．(a+i) C．*(a+j) D．a[i]+j

20．若有程序段：

```
int a[2][3],(*p)[3]; p=a;
```

则对 a 数组元素地址的正确引用是（　　）。

A．*(p+2) B．p[2] C．p[1]+1 D．(p+1)+2

21．若有程序段：

```
int a[2][3],(*p)[3]; p=a;
```

则对 a 数组元素的正确引用是（　　）。

A. (p+1)[0]　　B. *(*(p+2)+1)　　C. *(p[1]+1)　　D. p[1]+2

22. 若有定义 int a[5];，则 a 数组中首元素的地址可以表示为（　　）。

A. &a　　B. a+1　　C. a　　D. &a[1]

23. 定义以下结构体类型：

```
struct  s
{int  a;
 char  b;
 float  f;
};
```

则语句 printf("%d",sizeof(struct　s))的输出结果为（　　）。

A. 3　　B. 7　　C. 6　　D. 4

24. 当定义一个结构体变量时，系统为它分配的内存空间是（　　）。

A. 结构中一个成员所需的内存容量

B. 结构中第一个成员所需的内存容量

C. 结构体中占内存容量最大者所需的容量

D. 结构中各成员所需内存容量之和

25. 定义以下结构体类型：

```
struct s
{ int x;
  float f;
}a[3];
```

语句 printf("%d",sizeof(a))的输出结果为（　　）。

A. 4　　B. 12　　C. 18　　D. 6

26. 定义以下结构体数组：

```
struct c
{ int x;
  int y;
}s[2]={1,3,2,7};
```

语句 printf("%d",s[0].x*s[1].x)的输出结果为（　　）。

A. 14　　B. 6　　C. 2　　D. 21

27. 运行下列程序段，输出结果是（　　）。

```
struct country
{ int num;
   char name[10];
}x[5]={1,"China",2,"USA",3,"France",4, "England",5, "Spanish"};
struct country *p;
p=x+2;
printf("%d,%c",p->num,(*p).name[2]);
```

A. 3,a　　B. 4,g　　C. 2,U　　D. 5,S

28. 有以下程序：

```
#include<stdio.h>
union  pw
{  int i;   char  ch[2];  } a;
```

```
main( )
{  a.ch[0]=13;   a.ch[1]=0;   printf("%d\n",a.i);  }
```

则程序的输出结果是（　　）。（注意：ch[0]在低字节，ch[1]在高字节。）

A．13　　B．14　　C．208　　D．209

29．已知字符 0 的 ASCII 码为十六进制数的 30，则下面程序的输出结果是（　　）。

```
main( )
{ union { unsigned char c;
unsigned int i[4];
} z;
z.i[0]=0x39;
z.i[1]=0x36;
printf("%c\n",z.c);}
```

A．6　　B．9　　C．0　　D．3

30．字符'0'的 ASCII 码的十进制数为 48，且数组的第 0 个元素在低位，则以下程序的输出结果是（　　）。

```
#include<stdio.h>
main( )
{ union
   { int  i[2];
     long k;
     char c[4];
   }r,*s=&r;
s.i[0]=0x39;
s.i[1]=0x38;
printf("%c\n",s.c[0])  ;
}
```

A．39　　B．9　　C．38　　D．8

二、写出程序运行结果

1．写出以下程序的运行结果。

```
main ( )
{  char *a[]={"Pascal","C Language","dBase","Java"};
   char (**p)[ ] ; int j ;
   p = a + 3 ;
   for (j=3; j>=0; j--)
     printf("%s\n",*(p--)) ;
}
```

结果：____________________

2．当运行以下程序时，写出输入 6 的程序的运行结果。

```
sub(char *a,char b)
{  while (*(a++)!='\0') ;
   while (*(a-1)<b)
     *(a--)=*(a-1);
   *(a--)=b;
}
```

```
main ( )
{  char s[]="97531",c;
   c = getchar ( ) ;
   sub(s,c); puts(s) ;
}
```

结果：____________________

3．运行下列程序段，输出结果是____________。

```
struct country
     { int num;
      char name[20];
     }x[5]={1, "China", 2, "USA", 3, "France", 4, "England", 5, "Spanish"};
 struct country *p;
 p=x+2;
 printf("%d,%s",p->num,x[0].name);
```

4．运行下列程序段，输出结果是______________。

```
struct  contry
{
     int  num;
     char  name[20];
}x[5]={1,"China",2,"USA",3,"France",4,"England",5,"Spanish"};
main()
{
       int i;
       for  (i=3;i<5;i++)
         printf("%d%c",x[i].num,x[i].name[0]);
}
```

三、编程题

1．编程定义一个整型、一个双精度型、一个字符型的指针，并赋初值，然后显示各指针所指目标的值与地址、各指针的值与指针本身的地址（其中地址用十六进制显示）及各指针所占字节数（长度）。

2．编写程序，使用结构体类型，输出一年十二个月的英文名称及相应天数。

3．编写程序，用结构体类型实现复数的加、减、乘、除运算，每种运算都用函数完成。

4．编写程序，从键盘上任意输入一个字符串，输出该字符串，将该字符串逆序存放后再输出，要求用字符指针完成。

5．已知 10 个学生、每个学生 3 门课程的成绩，求每个学生总成绩的平均分，并输出前五名学生的信息。

6．成绩排序。按学生的序号输入学生的成绩，按照分数由低到高的顺序输出学生的名次、该名次的分数、相同名次的人数和学号；同名次的学号输出在同一行中，一行最多输出 10 个学号。

项目 8

文件及综合实训

案例17 将输入的字符存入文件

案例描述

从键盘上输入若干个字符，逐个将其存入文件“C:\\myfile-1.txt”，直到遇到输入的字符是“#”为止。

案例分析

C 盘上的文件 myfile-1.txt 原本是不存在的，它是运行程序时新创建的，故文件使用方式应选择写方式“w”。根据文件操作的一般步骤，用 N-S 流程图描述程序逻辑，如图 8.1 所示。

开始，设置环境	
定义变量 ch，filename	
输入文件名 filename	
打开指定文件	
当 ch!='#'时	
	输入一个字符到 ch 中 将 ch 写入文件
关闭文件，结束	

图 8.1　N-S 流程图

编写程序

```
#include<stdio.h>
void main()
{
    FILE *fp;
    char ch;
    fp = fopen("c: \\myfile-1.txt", "w");       /*打开文件*/
    ch = getchar();                              /*输入一个字符*/
    while ( ch != '#' )
    {
        fputc(ch, fp);                           /*写一个字符到文件中*/
        putchar(ch);                             /*将字符输出到屏幕上*/
        ch = getchar();                          /*输入一个字符*/
    }
    fclose(fp);                                  /*关闭文件*/
}
```

思考： 如果将本例改为“输入一行英文（以回车结束）”或“输入 N 个字符”，则程序应该怎样修改？

任务 8.1　文件及文件相关概念

1．文件的定义与分类

所谓“文件”，是指一组相关数据的有序集合。这个集合有一个名称，称为文件名。

1）从用户的角度分类

从用户的角度，文件可分为普通文件和设备文件两种。普通文件是指驻留在磁盘或其他外部介质上的一个有序数据集。设备文件是指与主机相连的各种外部设备，如显示器、打印机、键盘等。

2）从文件的功能分类

从文件的功能，文件可分为程序文件和数据文件，前者又可分为源程序文件、目标文件和可执行文件。

3）从数据的组织形式分类

从数据的组织形式，文件可分为顺序存取文件和随机存取文件。

4）从文件的存储形式分类

从文件的存储形式，文件可分为 ASCII 码文件和二进制文件。

C 语言对文件的操作一般有以下 4 步。

（1）定义文件指针。

（2）以某种方式打开文件。

（3）对文件进行读写操作。

（4）关闭文件。

2．文件相关概念

（1）数据流：指程序与数据的交互是以流的形式进行的。进行 C 语言文件的存取时，都会先进行“打开文件”操作，这个操作就是打开数据流，而“关闭文件”操作就是关闭数据流。

（2）缓冲区（Buffer）：指在程序执行时，所提供的额外内存，可用来暂时存放做准备执行的数据。它的设置是为了提高存取效率，因为内存的存取速度比磁盘驱动器快得多。

（3）C 语言中带缓冲区的文件处理：C 语言的文件处理功能依据系统是否设置“缓冲区”可分为两种，即一种是设置缓冲区，另一种是不设置缓冲区。由于不设置缓冲区的文件处理方式，必须使用较低级的 I/O 函数（包含在头文件 io.h 和 fcntl.h 中）来直接对磁盘进行存取，这种方式的存取速度慢，并且由于不是 C 的标准函数，因此跨平台操作时容易出现问题。

下面只介绍第一种处理方式，即设置缓冲区的文件处理方式：当使用标准 I/O 函数（包含在头文件 stdio.h 中）时，系统会自动设置缓冲区，并通过数据流来读写文件。当进行文件读取时，不会直接对磁盘进行读取，而是先打开数据流，将磁盘上的文件信息复制到缓冲区内，然后程序从缓冲区中读取所需数据。当写入文件时，并不会马上写入磁盘，而是先写入缓冲区，只有在缓冲区已满或“关闭文件”时，才会将数据写入磁盘，如图 8.2 所示。

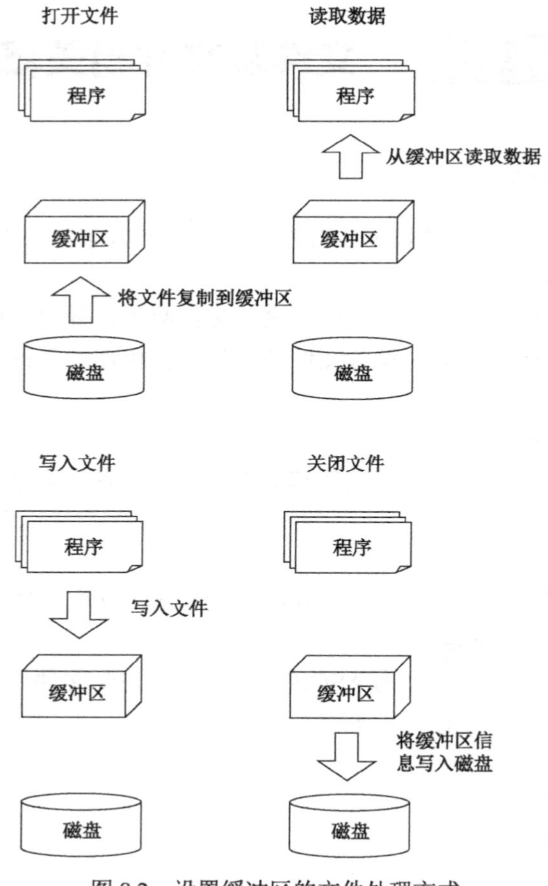

图 8.2　设置缓冲区的文件处理方式

任务 8.2　文件基本操作

1．文件的打开

C 语言对文件的操作是通过文件指针和一系列文件操作函数完成的。文件指针是一类特殊的指针，其类型是 FILE，其定义包含在头文件 stdio.h 中。文件指针用于存取文件的内容。打开文件可使用 fopen( )函数。

文件指针的定义、打开文件的一般形式如下：

```
FILE *fp;
文件指针名 = fopen(文件名, “使用文件方式”);
```

例如：

```
FILE *fp;
fp = fopen("file1.txt", "r");
```

其意义是以只读的方式打开当前目录下的 file1.txt 文件，并使 fp 指向该文件。

文件操作方式如表 8.1 所示。

表 8.1　文件操作方式

使用方式		意　义
文本文件单一操作	r	只读，打开一个文本文件，只允许读数据
	w	只写，打开或建立一个文本文件，只允许写数据
	a	追加，打开一个文本文件，并在文件末尾写数据
二进制文件单一操作	rb	只读，打开一个二进制文件，只允许读数据
	wb	只写，打开或建立一个二进制文件，只允许写数据
	ab	追加，打开一个二进制文件，并在文件末尾写数据
文本文件读写操作	r+	读写，打开一个文本文件，允许读和写
	w+	读写，打开或建立一个文本文件，允许读写
	a+	读写，打开一个文本文件，允许读，或在文件末追加数据
二进制文件读写操作	rb	读写，打开一个二进制文件，允许读和写
	wb+	读写，打开或建立一个二进制文件，允许读和写
	ab+	读写，打开一个二进制文件，允许读，或在文件末追加数据

这里给出以下几点说明。

① 文件使用方式由 r、w、a、b、+共五个字符组成，各字符的作用如表 8.2 所示。

表 8.2　字符的作用

字符	作　用
r	读文件
w	写文件
a	在文件尾部追加数据
b	二进制文件
+	打开后可同时读写数据

② 凡用“r”方式打开的文件，该文件必须已经存在，且只能从该文件读出数据。

③ 凡用“w”方式打开的文件，只能向该文件写入。若打开的文件不存在，则以指定的文件名新建该文件；若打开的文件已经存在，则覆盖该文件。

④ 若要向一个已存在的文件追加新的信息，则只能用“a”方式打开文件。但此时该文件必须是存在的，否则将会出错。

⑤ 在打开一个文件时，如果出错，则 open()函数将返回一个空指针值（NULL）。在程序中可以用这一信息来判别是否完成打开文件的工作，并做相应的处理。NULL 是一个符号常量，已在 stdio.h 中被定义为 0。

因此，常用以下程序段打开文件。

```
fp = fopen("c: \\hzk16", "rb");
if ( fp == NULL )
{
    printf("\nError on open c: \\hzk16 file!");
    getch();
    exit(1);
}
```

⑥ 将文件中所有字符逐一读入内存，常用如下 while 循环实现。

```
while ( !feof(fp) )
{
   ch = fgetc(fp);
   ……
}
```

feof()是文件结束函数，当文件指针指到文件结束符时，其值为 1，否则其值为 0。文件结束符对应的符号常量是 EOF，它在头文件 stdio.h 中被定义为-1。

⑦ 对文件读写一个字符，文件指针自动增 1，勿须使用单独的 fp++语句。

2. 文件的关闭

文件一旦使用完毕，就必须关闭文件。关闭文件作用之一是将缓冲区中的数据存盘，这样数据才不丢失。

fclose 函数调用的一般形式如下：

```
fclose(文件指针);
```

正常完成关闭文件操作时，fclose 函数返回值为 0。如返回非零值则表示有错误发生。一个关闭语句只能关闭一个文件。

任务 8.3 其他读写函数

读文件是指将文件从磁盘读入内存，写文件是指将内存中的数据保存到磁盘中。读文件和写文件是一对相反的操作，数据只有读入内存才能赋给内存变量。

其他常用读写函数如表 8.3 所示。

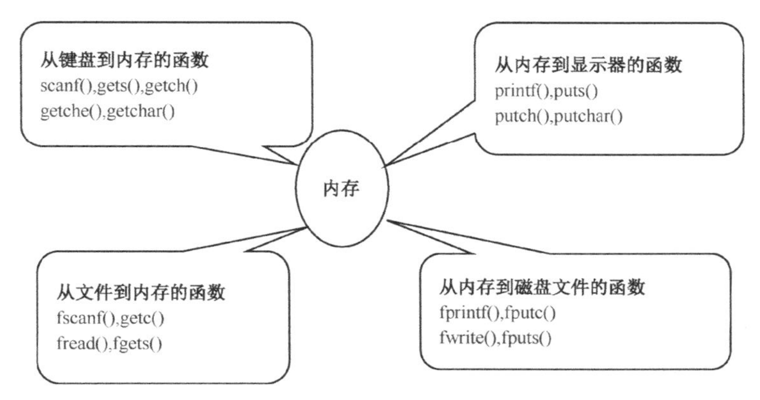

图 8.3　其他常用读写函数

1．字符与字符串读写函数

常用的字符与字符串读写函数有 4 个：fgetc、fputc、fgets 和 fputs。其含义如表 8.3 所示。

表 8.3　字符与字符串读写函数的含义

函数名	功　能	格 式	返回值
fgetc()	从 fp 指向的文件中读取一个字符并赋给内存变量 ch	ch = fgetc(fp);	成功返回 0，否则返回非 0
fputc()	将内存变量 ch 的值写入 fp 指向的文件中并保存	fputc(fp,ch);	
fgets()	从 fp 指向的文件中读取 n-1 个字符并赋给内存数组 str	fgets(str,n,fp);	
fputs()	将内存数组 str 的值写入 fp 指向的文件中并保存	fputs(str,fp);	

2．数据块读写函数

数据块读写函数有两个：fread()和 fwrite()。它们读写文件数据的基本单位是数据块。其功能及使用方法如表 8.4 所示。

表 8.4　数据块读写函数的含义

函数名	功　能	格　式
fread()	从文件中读一个数据块	fread(buffer,size,fp);
fwrite()	将一个数据块写到文件中	fwrite(buffer,size,fp);
说明	fp 是文件指针，size 是要读写的字节数，buffer 是指针，它指明了数据存放的地址	

3．格式化读写函数

格式化读写函数有两个：fscanf()和 fprintf()。它们的功能与 scanf()和 printf()函数的功能相似，差别在于前者读写的是磁盘文件；后者操作的是键盘和屏幕。

其功能及使用方法如表 8.5 所示。

表 8.5　格式化读写函数的含义

函数名	功能	格式
fscanf()	从文件中读取格式化数据	fscanf(fp，格式字符串，输入列表);
fprintf()	向文件中写入格式化数据	fprintf(fp，格式字符串，输出列表);

4．文件定位函数

C 语言提供了两个函数——rewind()、fseek()来灵活定位文件指针，使文件指针能方便地指向文件的任意位置，从而实现对文件内容的随机读写。

1）rewind()函数

该函数使文件指针直接指向文件头部，格式如下：

```
rewind(文件指针);
```

2）fseek()函数

该函数相对某起始点改变文件指针的位置，格式如下：

```
fseek(文件指针, 位移量, 起始点);
```

一、选择题

1．以下叙述中错误的是（　　）

A．C 语言中对二进制文件的访问速度比文本文件快

B．C 语言中，随机文件以二进制代码形式存储数据

C．语句 FILE fp; 定义了一个名为 fp 的文件指针

D．C 语言中的文本文件以 ASCII 码形式存储数据

2．有以下程序：

```
#include   <stdio.h>
main()
{ FILE  *fp;     int  i, k, n;
  fp=fopen("data.dat", "w+");
  for(i=1; i<6; i++)
  {  fprintf(fp,"%d   ",i);
     if(i%3==0)  fprintf(fp,"\n");
  }
  rewind(fp);
  fscanf(fp, "%d%d", &k, &n);  printf("%d %d\n", k, n);
  fclose(fp);
}
```

程序运行后的输出结果是（　　）。

A．0　0　　　B．123　45　　　C．1　4　　　D．1　2

3．以下与函数 fseek(fp,0L,SEEK_SET)有相同作用的是

A．feof(fp)　　　B．ftell(fp)　　　C．fgetc(fp)　　　D．rewind(fp)

4．有以下程序：

```
#include  "stdio.h"
void WriteStr(char  *fn,char  *str)
{
  FILE  *fp;
```

```
    fp=fopen(fn,"W");
    fputs(str,fp);
    fclose(fp);
  }
  main()
  {
    WriteStr("t1.dat","start");
    WriteStr("t1.dat","end");
  }
```

程序运行后，文件 t1.dat 中的内容是（　　）。

A. start　　B. end　　C. startend　　D. endrt

5. 有如下程序：

```
  #include <stdio.h>
  main()
  {FILE  *fp1;
    fp1=fopen("f1.txt","w");
    fprintf(fp1,"abc");
    fclose(fp1);
  }
```

若文本文件 f1.txt 中原有内容为“good”，则运行以上程序后文件 f1.txt 中的内容为（　　）。

A. goodabc　　B. abcd　　C. abc　　D. abcgood

6. 有以下程序：

```
  #include <stdio.h>
  main( )
  {  FILE *fp;  int i,k=0,n=0;
    fp=fopen("d1.dat","w");
    for(i=1;i<4;i++)   fprintf(fp, "%d",i);
    fclose(fp);
    fp=fopen("d1.dat","r");
    fscanf(fp, "%d%d",&k,&n);   printf("%d %d\n",k,n);
    fclose(fp);
  }
```

程序执行后输出结果是（　　）。

A. 1　2　　B. 123　0　　C. 1　23　　D. 0　0

7. 有以下程序（提示，程序中 fseek(fp,-2L*sizeof(int),SEEK_END) ;语句的作用是使位置指针从文件尾向前移动 2*sizeof(int)字节）：

```
  #include <stdio.h>
  main( )
  { FILE *fp;  int i,a[4]={1,2,3,4},b;
    fp=fopen("data.dat","wb");
    for(i=0;i<4;i++)  fwrite(&a[i],sizeof(int),1,fp);
    fclose(fp);
  fp=fopen("data.dat
",“rb");
  fseek(fp,-2L*sizeof(int).SEEK_END) ;
```

```
        fread(&b,sizeof(int),1,fp);/*从文件中读取sizeof(int)字节的数据到变量b中
*/
        fclose(fp);
        printf("%d\n",B) ;
        }
```

程序执行后输出结果是（　　）。

A．2　　B．1　　C．4　　D．3

8．若 fp 已正确定义并指向某个文件，则当未遇到该文件结束标志时，函数 feof(fp)的值为（　　）。

A．0　　B．1　　C．－1　　D．一个非 0 值

9．下列关于 C 语言数据文件的叙述中，正确的是（　　）。

A．文件由 ASCII 码字符序列组成，C 语言只能读写文本文件

B．文件由二进制数据序列组成，C 语言只能读写二进制文件

C．文件由记录序列组成，可按数据的存放形式分为二进制文件和文本文件

D．文件由数据流形式组成，可按数据的存放形式分为二进制文件和文本文件

10．以下叙述中不正确的是（　　）。

A．C 语言中的文本文件以 ASCⅡ码形式存储数据

B．C 语言中对二进制文件的访问速度比文本文件快

C．C 语言中，随机读写方式不适用于文本文件

D．C 语言中，顺序读写方式不适用于二进制文件

11．以下程序企图把从终端输入的字符输出到名为 abc.txt 的文件中，直到从终端读入字符#号时结束输入和输出操作，但程序有错误。出错的原因是（　　）。

```
        #include <stdio.h>
        main()
        { FILE *fout; char ch;
         fout=fopen('abc.txt', 'w');
        ch=fgetc(stdin);
        while(ch!= '#')
         { fputc(ch,fout);
          ch=fgetc(stdin);
         }
         fclose(fout);
        }
```

A．函数 fopen 调用形式错误　　B．输入文件没有关闭

C．函数 fgetc 调用形式错误　　D．文件指针 stdin 没有定义

12．有以下程序：

```
        #include <stdio.h>
        main()
        { FILE *fp; int i=20,j=30,k,n;
        fp=fopen ("d1.dat" "w") ;
        fprintf(fp, "%d\n",i);fprintf(fp, "%d\n"j);
        fclose(fp);
        fp=fopen("d1.dat", "r");
```

```
fp=fscanf(fp, "%d%d", &k,&n);  printf("%d%d\n",k,n);
fclose(fp);
}
```

程序运行后的输出结果是（　　）。

A．20　30　　B．20　50　　C．30　50　　D．30　20

13．以下叙述中错误的是（　　）。

A．二进制文件打开后可以先读文件的末尾，而顺序文件不可以

B．在程序结束时，应当用 fclose 函数关闭已打开的文件

C．在利用 fread 函数从二进制文件中读数据时，可以用数组名给数组中所有元素读入数据

D．不可以用 FILE 定义指向二进制文件的文件指针

14．若要打开 A 盘上 user 子目录下名为 abc.txt 的文本文件进行读、写操作，则下面符合此要求的函数调用是（　　）。

A．fopen("A：\user\abc.txt","r")

B．fopen("A：\\user\\abc.txt","r+")

C．fopen("A：\user\abc.txt","rb")

D．fopen("A：\\user\\abc.txt","w")

15．以下程序执行后，文件 test.txt 中的内容是（　　）。

```
#include   <stdio.h>
void fun(char   *fname.,char   *st)
{  FILE  *myf;   int  i;
myf=fopen(fname, "w" );
for(i=0;i<strlen(st); i++)fputc(st[i],myf);
fclose(myf);
}
main()
{ fun("test", "new world"; fun("test", "hello, "0;)
```

A．hello，　　B．new worldhello，　C．new world　　D．hello, rld

16．若 fp 是指向某文件的指针，且已读到文件末尾，则库函数 feof(fp)的返回值是

A．EOF　　B．－1　　C．非零值　　D．NULL

17．在 C 程序中，可把整型数以二进制形式存放到文件中的函数是

A．fprintf 函数　　B．fread 函数　　C．fwrite 函数　　D．fputc 函数

18．标准函数 fgets(s, n, f) 的功能是

A．从文件 f 中读取长度为 n 的字符串存入指针 s 所指的内存

B．从文件 f 中读取长度不超过 n-1 的字符串存入指针 s 所指的内存

C．从文件 f 中读取 n 个字符串存入指针 s 所指的内存

D．从文件 f 中读取长度为 n-1 的字符串存入指针 s 所指的内存

二、填空题

1．已有文本文件 test.txt，其中的内容为“Hello,everyone!”。在以下程序中，文件 test.txt 已正确为“读”而打开，由文件指针 fr 指向该文件，则程序的输出结果是______________。

```
#include <stdio.h>
```

```
main()
{ FILE *fr; char str[40];
……
 fgets(str,5,fr);
 printf("%s\n",str);
 fclose(fr);
}
```

2．若 fp 已正确定义为一个文件指针，d1.dat 为二进制文件，请填空，以便为“读”而打开此文件：fp=fopen(____________________);。

3．以下程序用来统计文件中字符个数。请填空。

```
#include  "stdio.h"
main()
{ FILE  *fp;   long  num=0L;
   if((fp=fopen("fname.dat","r"))==NULL)
   {  pirntf("Open error\n");  exit(0);}
    while(____________________)
    { fgetc(fp); num++;}
    printf("num=%1d\n",num-1);
    fclose(fp);
}
```

三、编程题

1．编写程序，把从终端读入的文本（用@作为文本结束标志）输出到一个名为 bi.dat 的新文件中。

2．编写程序，用户由键盘输入一个文件名，然后输入一串字符（用#作为结束输入标志）存放到此文件文件中以形成文件，并将字符的个数写到文件尾部。

附录 A

ASCII 字符对照表

本对照表由 20H 到 7FH 共 96 个，这 96 个字符用来表示阿拉伯数字、英文字母的大小写、底线及括号等符号，都可以显示在屏幕上。

二进制	十进制	十六进制	图形	二进制	十进制	十六进制	图形	二进制	十进制	十六进制	图形
0010 0000	32	20	空格	0100 0000	64	40	@	0110 0000	96	60	'
0010 0001	33	21	!	0100 0001	65	41	A	0110 0001	97	61	a
0010 0010	34	22	"	0100 0010	66	42	B	0110 0010	98	62	b
0010 0011	35	23	#	0100 0011	67	43	C	0110 0011	99	63	c
0010 0100	36	24	$	0100 0100	68	44	D	0110 0100	100	64	d
0010 0101	37	25	%	0100 0101	69	45	E	0110 0101	101	65	e
0010 0110	38	26	&	0100 0110	70	46	F	0110 0110	102	66	f
0010 0111	39	27	'	0100 0111	71	47	G	0110 0111	103	67	g
0010 1000	40	28	(	0100 1000	72	48	H	0110 1000	104	68	h
0010 1001	41	29	)	0100 1001	73	49	I	0110 1001	105	69	i
0010 1010	42	2A	*	0100 1010	74	4A	J	0110 1010	106	6A	j
0010 1011	43	2B	+	0100 1011	75	4B	K	0110 1011	107	6B	k
0010 1100	44	2C	,	0100 1100	76	4C	L	0110 1100	108	6C	l
0010 1101	45	2D	-	0100 1101	77	4D	M	0110 1101	109	6D	m
0010 1110	46	2E	.	0100 1110	78	4E	N	0110 1110	110	6E	n
0010 1111	47	2F	\	0100 1111	79	4F	O	0110 1111	111	6F	o
0011 0000	48	30	0	0101 0000	80	50	P	0111 0000	112	70	p
0011 0001	49	31	1	0101 0001	81	51	Q	0111 0001	113	71	q
0011 0010	50	32	2	0101 0010	82	52	R	0111 0010	114	72	r
0011 0011	51	33	3	0101 0011	83	53	S	0111 0011	115	73	s
0011 0100	52	34	4	0101 0100	84	54	T	0111 0100	116	74	t
0011 0101	53	35	5	0101 0101	85	55	U	0111 0101	117	75	u
0011 0110	54	36	6	0101 0110	86	56	V	0111 0110	118	76	v
0011 0111	55	37	7	0101 0111	87	57	W	0111 0111	119	77	w
0011 1000	56	38	8	0101 1000	88	58	X	0111 1000	120	78	x
0011 1001	57	39	9	0101 1001	89	59	Y	0111 1001	121	79	y

续表

二进制	十进制	十六进制	图形	二进制	十进制	十六进制	图形	二进制	十进制	十六进制	图形
0011 1010	58	3A	:	0101 1010	90	5A	Z	0111 1010	122	7A	z
0011 1011	59	3B	;	0101 1011	91	5B	[	0111 1011	123	7B	{
0011 1100	60	3C	<	0101 1100	92	5C	\	0111 1100	124	7C	|
0011 1101	61	3D	=	0101 1101	93	5D	]	0111 1101	125	7D	}
0011 1110	62	3E	>	0101 1110	94	5E	^	0111 1110	126	7E	~
0011 1111	63	3F	?	0101 1111	95	5F	_	0111 1111	127	7F	DELETE

附录 B

常用头文件

1. 字符处理函数

此类函数用于对单个字符进行处理，包括字符的类别测试和字符的大小写转换。
其头文件为 ctype.h。
1）字符测试
是否字母和数字：isalnum。
是否字母：isalpha。
是否控制字符：iscntrl。
是否数字：isdigit。
是否可显示字符（除空格外）：isgraph。
是否可显示字符（包括空格）：isprint。
是否既不是空格，又不是字母和数字的可显示字符：ispunct。
是否空格：isspace。
是否大写字母：isupper。
是否十六进制数字（0～9，A～F）字符：isxdigit。
2）字符大小写转换函数
转换为大写字母：toupper；
转换为小写字母：tolower。

2. 数学函数

其头文件为 math.h。
1）三角函数
反余弦：acos。
反正弦：asin。
反正切：atan。
反正切 2：atan2。
余弦：cos。
正弦：sin。

正切：tan。

2）双曲函数

双曲余弦：cosh。

双曲正弦：sinh。

双曲正切：tanh。

3）指数和对数

指数函数：exp。

指数分解函数：frexp。

乘积指数函数：fdexp。

自然对数：log。

以10为底的对数：log10。

浮点数分解函数：modf。

4）幂函数

幂函数：pow。

平方根函数：sqrt

5）整数截断、绝对值和求余数函数

求下限接近整数：ceil。

绝对值：fabs。

求上限接近整数：floor。

求余数：fmod。

3．输入输出函数

此分类用于处理包括文件、控制台在内的各种输入输出设备，各种函数以“流”的方式实现。

其头文件为stdio.h。

1）基本函数

删除文件：remove。

修改文件名称：rename。

生成临时文件名称：tmpfile。

得到临时文件路径：tmpnam。

2）文件访问

关闭文件：fclose。

刷新缓冲区：fflush。

打开文件：fopen。

将已存在的流指针和新文件连接：freopen。

设置磁盘缓冲区：setbuf。

设置磁盘缓冲区：setvbuf。

3）格式化输入与输出函数

格式输出：fprintf。

格式输入：fscanf。
格式输出（控制台）：printf。
格式输入（控制台）：scanf。
格式输出到缓冲区：sprintf。
从缓冲区中按格式输入：sscanf。
格式化输出：vfprintf。
格式化输出：vprintf。
格式化输出：vsprintf。
4）字符输入输出函数
输入一个字符：fgetc
字符串输入：fgets。
字符输出：fputc。
字符串输出：fputs。
字符输入（控制台）：getc。
字符输入（控制台）：getchar。
字符串输入（控制台）：gets。
字符输出（控制台）：putc。
字符输出（控制台）：putchar。
字符串输出（控制台）：puts。
字符输出到流的头部：ungetc。
5）直接输入输出
直接流读操作：fread。
直接流写操作：fwrite。
6）文件定位函数
得到文件位置：fgetpos。
文件位置移动：fseek。
文件位置设置：fsetpos。
得到文件位置：ftell。
文件位置复零位：remind。
7）错误处理函数
错误清除：clearerr。
文件结尾判断：feof。
文件错误检测：ferror。
得到错误提示字符串：perror。

4．字符串处理

此分类的函数用于对字符串进行合并、比较等操作。
其头文件为string.h。
1）字符串复制

块复制（目的和源存储区不可重叠）：memcpy。
块复制（目的和源存储区可重叠）：memmove。
串复制：strcpy。
按长度的串复制：strncpy。
2）字符串连接函数
串连接：strcat。
按长度连接字符串：strncat。
3）串比较函数
块比较：memcmp。
字符串比较：strcmp。
字符串比较（用于非英文字符）：strcoll。
按长度对字符串进行比较：strncmp。
字符串转换：strxfrm。
4）字符与字符串查找
字符查找：memchr。
字符查找：strchr。
字符串查找：strcspn。
字符串查找：strpbrk。
字符串查找：strspn。
字符串查找：strstr。
字符串分解：strtok。
5）杂类函数
字符串设置：memset。
错误字符串映射：strerror。
求字符串长度：strlen。

5. 日期和时间函数

此分类给出了时间和日期处理函数。
其头文件为 time.h。
1）时间操作函数
得到处理器时间：clock。
得到时间差：difftime。
设置时间：mktime。
得到时间：time。
2）时间转换函数
得到以 ASCII 码表示的时间：asctime。
得到字符串表示的时间：ctime。
得到指定格式的时间：strftime。

附录 C

综合测试题 1

一、选择题（每题 2 分，共 40 分）

1．C 语言采用（　　）方式将源程序翻译为二进制代码。

A．编译　　B．解释　　C．汇编　　D．翻译

2．在 C 语言中，字符型数据在内存中以（　　）形式存放。

A．原码　　B．BCD 码　　C．反码　　D．ASCII 码

3．以下选项中不合法的用户标识符是（　　）。

A．abc.c　　B．file　　C．Main　　D．PRINTF

4．下述表达式中，（　　）可以正确表示 x<=0 或 x>=1 的关系。

A．(x>=1)||(x<=0)　　B．x>1||x<=0

C．x>=1.OR．x<=0　　D．x>=1||x<=0

5．（　　）是非法的 C 语言转义字符。

A．'\b'　　B．'\0xf'

C．'\037'　　D．'\\'

6．语句 char s='\092';的作用是（　　）。

A．使 s 包含一个字符　　B．说明不合法，s 的值不定

C．使 s 包含四个字符　　D．使 s 包含三个字符

7．判断 char 型变量 c 是否为大写字母的最简单且正确的表达式是（　　）。

A．'A'<=c<='Z'　　B．(c>='A')&(c<='Z')

C．('A'<=c)AND('Z'>=c)　　D．(c>='A')&&(c<='Z')

8．以下程序的输出结果是（　　）。

A．因输出格式不合法，故无正确输出　　B．65,90

C．A,Y　　D．65,89

```
main()
{
  char c1='A',c2='Y';
```

```
 printf("%d,%d\n",c1,c2);
}
```

9. 下述程序段中，执行（　　）后变量 i 的值为 4。

A. int i=1，j=1;
　i=j=((1=3)++);

B. int i=0，j=0;
　(i=2，i+(j=2));

C. int i=1，j=1;
　i+=j+=2;

D. int i=0，j=1;
　(j==1)?i+=3：i=2

10. 以下各选项中正确的整型常量是（　　）。

A. 12.6　　B. 20　　C. 1,000　　D.4+5

11. 以下叙述中不正确的是（　　）。

A. 在 C 语言中，调用函数时，只能把实参的值传送给形参，形参的值不能传送给实参

B. 在 C 语言中，函数最好使用全局变量

C. 在 C 语言中，形式参数只局限于所在函数

D. 在 C 语言中，函数名的存储类别为外部

12. 当运行下列程序时，在键盘上从第一列开始输入 9876543210<CR>(此处<CR>代表 Enter),则程序的输出结果是（　　）。

```
main()
{int a;float b,c;
scanf("%2d%3f%4f",&a,&b,&c);
printf("\na=%d,b=%.0f,c=%.0f",a,b,c);
}
```

A. a=98,b=765,c=4321

B. a=10,b=432,c=8765

C. z=98,b=765.000000,c=4321.000000

D. a=98,b=765.0,c=4321．0

13. 以下程序段的输出是（　　）。

```
int x=123;
printf("*%-6d*\n",x);
```

A. *123　　*

B. *　　123 *

C. *000123*

D. 输出格式不合法

14. 以下对 C 语言函数的描述中，正确的是（　　）。

A. C 程序由一个或一个以上的函数组成

B. C 函数既可以嵌套定义又可以递归调用

C. 函数必须有返回值，否则不能使用函数

D. C 程序中调用关系的所有函数必须放在同一个程序文件中

15. 表示关系 X≥Y≥Z 的 C 语言表达式是（　　）。

A.（X>=Y）&&(Y>=Z)

B.（X>=Y）AND(Y>=Z)

C.（X≥Y≥Z)

D.（X>=Y）&Y>=Z)

16. 设 a、b 和 c 都是 int 型变量，且 a=3，b=4，c=5，则以下表达式中值为 0 的是（　　）。

A. a&&b　　B. a<=b　　C. a||b+c&&b-c　　D. !((a<b)&&!c||1)

17. 以下程序的输出结果是（　　）。

A. 0　　B. 1　　C. 2　　D. 3

```
main()
{
int a=2,b=-1,c=2;
if(a<b)
 if(b<c) c=0;
else c+=1;
printf("%d\n",c);
}
```

18. 以下程序段的输出结果是（　　）。

A. 9　　B. 1　　C. 11　　D. 10

```
int k,j,s;
for(k=2;k<6;k++,k++)
{s=1;
for(j=k;j<6;j++)
s+=j;}
printf("%d\n",s);
```

19. 以下程序段的输出结果是（　　）。

A. 12　　B. 15　　C. 20　　D. 25

```
int i,j,m=0;
for(i=1;i<=15;i+=4)
 for(j=3;j<=19;j+=4) m++;
printf("%d\n",m);
```

20. 以下程序的输出结果是（　　）。

A. 17　　B. 18　　C. 19　　D. 20

```
main()
{int a[]={2,4,6,8,10},y=1,x;
for(x=1;x<4;x++)
y+=a[x];
printf("%d\n",y);
}
```

二、填空题（每空 2 分，共 20 分）

1. C 语言源程序文件的扩展名为________。
2. C 程序的执行从________开始。
3. $25[x^2+a(x+y)]^3$ 的 C 语句形式为________。
4. 利用一条 C 语句将变量 a 和 b 的较大者赋值给变量 c：________。
5. 设 x=10，y=10，语句 printf("%d,%d\n",x--,--y)的结果为________。
6. C 语言中，基本数据类型包括整型、________、字符型三种。
7. 下列程序的运行结果是________。

```
main()
{   printf("xabc\tde\rf\n");
}
```

8. 下列程序的运行结果是________。

```
main()
{  char c1,c2;
   c1='a';c2='B';
   c1=c1-32;c2=c2+32;
   printf("%c%c",c1,c2);
}
```

9. 若 x 和 n 均是 int 型变量，且 x 的初值为 12，n 的初值为 5，则执行表达式 x%=(n%=2) 后 x 的值为________。

10. 数组是具有相同________且按一定次序排列的数据的集合。

三、阅读程序题（每题 5 分，共 20 分）

1. 程序如下：

```
main()
{  int x=123;
   printf("%d\n",x++);
   printf("%d\n",++x);
   printf("%d\n",x--);
   printf("%d\n",--x);
}
```

结果__________

2. 程序如下：

```
include <stdio.h >
main()
{  int a,b;
   unsigned e,f;
   a=32767, b=1;
   e=65535;f=1;
   printf("int:%d,%d\n", a,a+b);
   printf("unsigned:%u,%u\n", e,e+f);
}
```

结果__________

3. 程序如下：

```
main()
{  int y=10;
   for(;y>0;y--)
   {if(y%3= =0) continue;
     printf("%d",--y);
   }
}
```

结果：__________

4. 程序如下：

```
main(){
int x,y;
printf("please input X,Y: ");
```

```
    scanf("%d%d",&x,&y);
    if(x!=y)
    if(x>y)printf("X>Y\n");
    else printf("X<Y\n");
    else printf("X=Y\n");
    }
```

输入：20 10。

结果：____________________

四、编程题（每题 10 分，共 20 分）

1．输入半径，求圆的面积，其中 π 的值取 3.14159。

2．输入 10 个学生的数学成绩并存入数组 s，求其总分和平均分。

综合测试题 2

一、选择题（每小题 2 分，共 40 分）

1. 以下选项中不合法的用户标识符是（　　）。
   A. _123　　B. printf　　C. A$　　D. Dim
2. 可以在 C 语言程序中用做用户标识符的一组标识符是（　　）。

A. void	B. as_b3	C. for	D. 2c
define	_123	-abc	Do
WORD	If	cas	SIG

3. 在 C 语言中，int、char 和 short 三种类型数据所占用的内存（　　）。
   A. 均为 2 个字节　　B. 由用户自己定义
   C. 由所用机器的机器字长决定　　D. 是任意的
4. 设 int 类型的数据长度为 2 个字节，则 unsigned int 类型数据的取值范围为（　　）。
   A. 0～255　　B. 0～65535
   C. -32768～32767　　D. -256～255
5. 在 C 语言中，要求参与运算的数必须是整数的运算符是（　　）。
   A. /　　B. !　　C. %　　D. ==
6. （　　）是 C 语言提供的合法的数据类型关键字。
   A. Float　　B. double　　C. integer　　D. Char
7. 以下程序的输出结果是（　　）。
   A. A　　B. a　　C. Z　　D. z

```
main()
{
  char x='A';
  x=(x>='A'&&x<='Z')?(x+32):x;
  printf("%c\n",x);
}
```

8. 下述程序的输出结果是（　　）。

```
#include<stdio.h>
main()
 { int x=-1, y=4;
   int k;
   k=x++<=0&&!(y--<=0);
   printf("%d, %d, %d", k, x, y);
 }
```

   A. 0，0，3　　B. 0，1，2　　C. 1，0，3　　D. 1，1，2
9. 设已定义 x 为 double 类型变量：且有：

```
x=213. 82631;
printf("%-6.2e\n", x);
```

则以上语句（　　）。

A．输出格式描述符的域宽不够，不能输出

B．输出为 21.38e+01

C．输出为 2.14e+02

D．输出为-2.14e2

10．已定义 x 为 float 型变量，x=213.82631，且有：

```
printf("%-4. 2f\n", x);
```

则以上程序（　　）。

A．输出格式描述符的域宽不够，不能输出

B．输出为 213.83

C．输出为 213.82

D．输出为-213.82

11．若 ch 为 char 型变量，k 为 int 型变量（已知字符 a 的十进制 ASCII 码为 97），则执行以下语句后的输出为（　　）。

```
ch='a';
k=12;
printf("%x,%o", ch, k);
printf("k=%%d\n",k);
```

A．因变量类型与格式描述符的类型不匹配而输出无定值

B．输出项与格式描述符个数不符，输出为零值或不定值

C．61，14，k=%d

D．61，14，k=%12

12．下列运算符中优先级最高的运算符是（　　）。

A．!　　B．%　　C．-=　　D．&&

13．以下程序的输出结果是（　　）。

A．1　　B．2　　C．3　　D．4

```
main( )
{  int w=4,x=3,y=2,z=1;
   printf("%d\n",(w<x?w:z<y?z:x));
}
```

14．若执行程序时，从键盘上输入 3 和 4，则输出结果是（　　）。

```
main()
{  int a,b,s;
   scanf("%d%d",&a,&b);
   s=a;
   if(a>b) s=b;
   s*=s;
   printf("%d\n",s);
}
```

A．14　　B．9　　C．18　　D．20

15．以下程序段的输出结果是（　　）。

A．1　　B．3　0　　C．1　-2　　D．死循环

```
int x=3;
do
{  printf("%3d",x-=2); }
  while(!(x--));
```

16. 以下程序段的输出结果是（　　）。

A. 15　　B. 14　　C. 不确定　　D. 0

```
main()
{  int i,sum;
   for(i=1;i<6;i++) sum+=sum;
   printf("%d\n",sum);
}
```

17. 以下程序段的输出结果是（　　）。

A. 741　　B. 852　　C. 963　　D. 875421

```
main()
{int y=10;
for(;y>0;y--)
if(y%3= =0)
{printf("%d",--y);continue; }
}
```

18. 以下程序段的输出结果是（　　）。

A. 不确定的值　　B. 3　　C. 2　　D. 1

```
main()
{int n[2]={0},i,j,k=2;
for(i=0;i<k;i++)
for(j=0;j<k;j++) n[j]=n[i]+1;
printf("%d\n",n[k]);
}
```

19. C 语言中函数返回值的类型是由（　　）决定。

A. return 语句中的表达式类型　　B. 调用函数的主调函数类型

C. 调用函数时临时　　D. 定义函数时所指定的函数类型

20. 一个 C 程序由函数 A、B、C 和函数 P 构成，在函数 A 中分别调用了函数 B 和函数 C，在函数 B 中调用了函数 A，且在函数 P 中也调用了函数 A，则可以说（　　）。

A. 函数 B 中调用的函数 A 是函数 A 的间接递归调用

B. 函数 A 被函数 B 中调用的函数 A 间接递归调用

C. 函数 P 直接递归调用了函数 A

D. 函数 P 中调用的函数 A 是函数 P 的嵌套

二、填空题（每空 2 分，共 20 分）

1. C 语言程序由函数组成。函数由函数的________部分和________两部分组成。

2. 若 k 为 int 整型变量且赋值 11，则表达式 k++的值为________，执行表达式后变量 k 的值为________。

3. 数据类型混合运算时，要进行同型转换，转换方式分为________和________两种。

4. 下列程序的运行结果是：________。

```
main()
{  int a,b,c,d;
   a=215;b=9;
   c=a/b;d=a%b;
   printf(""%d/%d=%d….%d\n",a,b,c,d);
}
```

5．下列程序的运行结果是__________。

```
main()
{  int a=2,b=3;
   float c=5.0,d=2.5;
   printf("%f",(a+b)/2+c/d);
}
```

6．表达式 3.4+'a'*6 的数据类型是___________。

7．下列程序的运行结果是__________。

```
main ( )
{  printf("\\ab\t123\n");
   printf("a\101\x41\tb\102\x42");
}
```

三、阅读程序题（每题 5 分，共 20 分）

1．程序如下：

```
main( )
{  char c1,c2;
   c1='A' c2='B';
   c1=c1+33;c2=c2+32;
   printf("%c,%c\n",c1,c2);
   printf("%d,%d\n",c1,c2);
}
```

结果：___________

2．程序如下：

```
main()
{int i;
  for(i=1;i<=5;i++)
  { if(i%2= =0) printf("*");
    else continue;
    printf("#");
  }
  printf("$ \n");
}
```

结果：______________________

3．程序如下：

```
main()
{  int a=011,b=11,c=0x11;
   printf("a=%d,b=%d,c=%d\n",a,b,c);
   printf("a=%o,b=%o,c=%o\n",a,b,c);
```

```
    printf("a=%x,b=%x,c=%x\n",a,c,b);
  }
```

结果：________

4．程序如下：

```
main()
{  char c='2';
   switch(n)
   {case '1':puts("one");
    case '2':puts("two");
    case '3':puts("three");
   }
}
```

结果：________

四、编程题（每题 10 分，共 20 分）

1．编写程序，输入 a、b、c 三个整数，输出三个数中的最大数。

2．求 s=1+1/2+1/4+1/8+1/16+…，直到项的值小于 0.0001。

综合测试题 3

一、选择题（每题 2 分，共 40 分）

1. （　　）是构成 C 语言程序的基本单位。

A. 函数　　B. 过程　　C. 子程序　　D. 子例程

2. 下述标识符中，（　　）是合法的用户标识符。

A. A#C　　B. getch　　C. void　　D. ab*

3. C 语言源程序文件的扩展名为（　　）。

A. .com　　B. .exe　　C. .c　　D. .fox

4. 以下（　　）是不正确的转义字符。

A. '\\'　　B. '\"

C. '081'　　D. '\0'

5. 设 C 语言中，int 类型数据占 2 个字节，则 long 类型数据占（　　）个字节。

A. 1　　B. 2　　C. 8　　D. 4

6. 以下优先级最低的运算符为（　　），优先级最高的运算符为（　　）。

A. &&　　B. ?:　　C. !=　　D. ||

7. 以下程序的输出结果是（　　）。

A. 67,C　　B. B,C　　C. C,D　　D. 不确定的值

```
main()
{
  char c1,c2;
  ch1='A'+'5'-'3';
  ch2='A'+'5'-'3';
  printf("%d,%c\n",ch1,ch2);
}
```

8. 现有如下程序：

```
#include <stdio.h>
main()
{
   printf("%d", a);
}
```

程序的输出结果是（　　）。

A. 0　　B. 变量无定义

C. -1　　D. 1

9. 若 k 为 int 变量，则以下语句（　　）。

```
    k=7654;
    printf("|%-06d|\n", k);
```

A. 输出格式描述符不合法　　B. 输出为|007654|

C．输出为|7654|　　D．输出为|-07654|

10．设已定义k为int类型变量。

```
k=-1234;
printf("|%06D|\n", k);
```

则以上语句（　　）。

A．输出为|%6D|　　B．输出为|0-1234|

C．格式描述符不合法，输出无定值　　D．输出为|-1234|

11．下列程序执行后的输出结果是（　　）。（小数点后只保留一位。）

```
main()
{ double d;
  float f;
  long l;
  int i;
  i=f=l=d=20/3;
  printf("%d  %ld  %f  %f\n",i,l,f,d);
}
```

A．6　6　6.0　6.0　　B．6　6　6.7　6.7

C．6　6　6.0　6.7　　D．6　6　6.7　6.0

12．以下程序的输出结果是（　　）。

```
main()
{ int k=11;
  printf("k=%d,k=%o,k=%x\n",k,k,k);}
```

A．k=11,k=12,k=11　　B．k=11,k=13,k=13

C．k=11,k=13,k=0xb　　D．k=11,k=13,k=b

13．以下程序段所表示的数学函数关系是（　　）。

A．$y=\begin{cases}-1(x<0)\\0(x=0)\\1(x>0)\end{cases}$　　B．$y=\begin{cases}1(x<0)\\-1(x=0)\\0(x>0)\end{cases}$

C．$y=\begin{cases}0(x<0)\\-1(x=0)\\1(x>0)\end{cases}$　　D．$y=\begin{cases}-1(x<0)\\1(x=0)\\0(x>0)\end{cases}$

```
y=-1;
if(x= =0)
y=0;
else if(x>0) y=1;
```

14．运行以下程序后，输出（　　）。

A．****　　B．&&&&

C．####&&&&　　D．有语法错误，无输出结果

```
main()
{  int  k=1;
   if(k<=0) printf("****\n");
   else printf("&&&&");
```

```
}
```

15. 若 x 是 int 型变量，则以下程序段的输出结果是（　　）。

A. **3
##4
**5　　B. ##3
**4
##5　　C. ##3
**4##5　　D. **3##4
**5

```
for(x=3;x<6;x++)
printf((x%2)?( "**%d"): ("##%d\n"),x);
```

16. 以下程序的输出结果是（　　）。

A. *#*#*#$　　B. #*#*#*$　　C. *#*#$　　D. #*#*$

```
main()
{int i;
  for(i=1;i<=5;i++)
  {  if(i%2)  printf("*");
     else continue;
     printf("#");
  }
  printf("$\n");
}
```

17. 以下程序的输出结果是（　　）。

A. 3　　B. 4　　C. 1　　D. 2

```
main()
{ int a[10]={1,2,3,4,5,6,7,8,9,10};
   printf("%d\n",a[2]);
}
```

18. 下面不正确的描述为（　　）。

A. 调用函数时，实参可以是表达式

B. 调用函数时，实参与形参共用内存单元

C. 调用函数时，将为形参分配内存单元

D. 调用函数时，实参与形参的类型必须一致

19. C 语言中的简单数据类型有（　　）。

A. 整型、实型、逻辑型　　B. 整型、实型、字符型

C. 整型、字符型、逻辑型　　D. 整型、实型、逻辑型、字符型

20. 若有下列程序段，则其输出结果是（　　）。

```
int a=0,b=0,c=0;
c=(a-=a-6),(a=b,b+5);
printf("%d ,%d ,%d\n",a, b,c);
```

A. 0，0，-12　　B. 0，0，6

C. -12，5，-12　　D. 5，5，-12

二、填空题（每空 2 分，共 20 分）

1. 已知 a=4，b=4，c=5，表达式 c>b>a 的值是________，表达式!（a+b）||c-1&&b+c/2 的值为________。

2. 若已定义 x 和 y 为 double 类型，则表达式 x=1,y=x=3/2 的值为________。

3．若有以下定义：

```
double w[10];
```

则 w 数组元素下标最小是________，最大是________。

4．以下代码中，findmax 用于返回数组 s 中最大元素的下标，数组中元素的个数由 t 传入，请填空。

```
findmax(int s[],int  t)
{int k,p;
k=0;
for(p=0;p<t;p++)
if(s[p]>s[k]) __________;
return______; }
```

5．下列程序的运行结果是________。

```
main()
{ int n=2;
  switch(n)
  {case 1 :printf("one");break;
   case 2 :printf("two");
   case 3 :printf("three");break;
  }
}
```

6．以下程序的功能是，从键盘上输入若干个学生的成绩，统计并输出最高成绩和最低成绩，当输入负数时结束输入。请填空。

```
main()
{  float  x,amax,amin;
   scanf("%f",&x);
   amax=x;   amin=x;
   while(______)
   {if(x>amax)  amax=x;
    if(______)  amin=x;
    scanf("%f",&x);
   }
printf("\namax=%f\namin=%f",); }
```

三、阅读程序题（每题 5 分，共 20 分）

1．程序如下：

```
main()
{ int i.sum=0;
  for(i=1;i<6;i++) sum+=i;
  printf("i=%d\nsum=%d\n",sum);
}
```

结果：________________

2．程序如下：

```
#include "stdio.h"
main()
{  char c1,c2,ch;
```

```
    ch=getchar();
    if(ch>='a' && ch<='z') ch-=32;
    c1=ch-1;c2=ch+1;
    putchar(c1);
    putchar(ch);
    putchar(c2);
}
```

若输入为字母b，则结果为______________________________

3．程序如下：

```
main()
{  int a,b;
   for (a=1,b=1;a<10;a++)
   {
     if (a%3= =1)
     {b+=3;continue;}
   }
   printf("b=%d",b);
}
```

结果：______________________

4．程序如下：

```
main()
{
   int i,a[5];
   for(i=0;i<=4;i++)
   a[i]=i+1;
   for(i=0;i<=4;i++)
   printf("a[%d]=%d\n",i,i);
}
```

结果：______________________

四、编程题（每题10分，共20分）

1．输入一个年份，判断其是否为闰年，若为闰年，则输出“yes”，否则输出“no”。

2．求一个班40名学生的数学平均分，并统计90分以上的学生人数。

综合测试题 4

一、选择题（每题 2 分，共 40 分）

1．C 语言中的变量名只能由字母、数字和下画线组成，且第一个字符（　　）。

A．必须是字母　　B．必须是下画线

C．必须是字母或下画线　　D．可以是字母、数字或下画线中任一种

2．一个 C 语言程序由（　　）组成。

A．主程序　　B．子程序

C．函数　　D．过程

3．一个 C 语言程序总是从（　　）开始执行。

A．主过程　　B．主函数

C．子程序　　D．主程序

4．若 int 类型数据占两个字节，则以下语句的输出为（　　）。

```
int k=-1
printf("%d, %u\n", k, k);
```

A．-1，-1　　B．-1，32767

C．-1，32768　　D．-1，65535

5．若有运算符>、*=、<<、%、sizeof，则它们优先级（由低至高）的正确排列次序为（　　）。

A．*= →<<→ >　→ %→sizeof

B．<< → *= → > → % → sizeof

C．*= → > → << → sizeof → %

D．*= → > →<< → % → sizeof

6．以下程序的输出结果是（　　）。

```
main()
{  int x=10, y=10;
   printf("%d%d\n", --x, y--);
}
```

A．10 10　　B．9 9　　C．9 10　　D．10 9

7．下列程序的输出结果是（　　）。

```
main( )
{  double d=3.2;int x,y;
   x=1.2;y=(x+3.8)/5.0;
   printf("%d\n",(int)(d*y));
}
```

A．3　　B．3.2　　C．0　　D．3.07

8．对于以下程序，从第一列开始输入数据：2473<CR>。<CR>代表 Enter，程序的输出结果是（　　）。

A. 668977　　B. 668966　　C. 66778777　　D. 6688766

```
#include "stdio.h"
main()
{  int c;
   while((c=getchar())!='\n')
   {switch(c-'2')
    {case 0:
      case 1:putchar(c+4);
      case 2:putchar(c+4);break;
      case 3:putchar(c+3);
      default:putchar(c+2);break;
     }
   }printf("\n");
}
```

9. 以下程序的输出结果是（　　）。

A. G　　B. H　　C. I　　D. J

```
main()
{  int x='f';
   printf("%c\n", 'A'+(x-'a'+1));
}
```

10. 以下程序的输出结果是（　　）。

```
unsigned int i=65535;printf("%d\n",i);
```

A. 65536　　B. 0

C. 有语法错误，无输出结果　　D. -1

11. 设 i 是 int 型变量，f 是 float 型变量，用下面的语句给这两个变量输入值:

```
scanf("i=%d,f=%f",&i,&f);
```

为了把 100 和 765.12 分别赋给 i 和 f，则正确的输入为（　　）。

A. 100<空格>765.12<回车>　　B. i=100,f=765.12<回车>

C. 100<回车>765.12<回车>　　D. x=100<回车>，y=765.12<回车>

12. 以下程序执行后，屏幕上显示（　　）。

```
main()
{
  int a;
  float b;
  a=4;
  b=9.5;
  printf("a=%d,b=%4.2f\n",a,b);
}
```

A. a=%d,b=%f\n　　B. a=%d,b=%f　　C. a=4,b=9.50　　D. a=4,b=9.5

13. 有如下程序：

```
main()
{  int x=1,a=0,b=0;
   switch(x){
   case 0:  b++;
   case 1:  a++;
```

```
    case 2:  a++;b++
    }
    printf("a=%d,b=%d\n",a,b);
}
```

该程序的输出结果是（　　）。

A．a=2,b=1　　B．a=1,b=1　　C．a=1,b=0　　D．a=2,b=2

14．若要求 if 后一对圆括号表示 a 不等于 0 的关系，则能正确表示这一关系的表达式为（　　）。

A．a<>0　　B．! a　　C．a=0　　D．a

15．以下程序的输出结果是（　　）。

A．39　81　　B．42　84　　C．26　68　　D．28　70

```
main()
{
  int x,i;
  for(i=1;i<=100;i++)
    {x=i;
      if(++x%2==0)
        if(++x%3==0)
          if(++x%7==0)
      printf("%d  ",x);
    }
printf("\n"); }
```

16．当执行以下程序段时，（　　）。

```
x=1;
do{x=x*x;}while(!x);
```

A．循环体将执行一次　　B．循环体将执行两次

C．循环体将执行无限次　　D．系统将提示有语法错误

17．设 x 和 y 均为 int 型变量，则执行下面的循环语句后，y 的值为（　　）。

```
x=1;
for(y=1;y<=50;y++)
{  if(x>=5) break;
   if(x%2==1) {x+=5;continue;}
   x-=3;
}
```

A．2　　B．1　　C．6　　D．51

18．下面的函数调用语句中含有（　　）个实参。

```
 func((v1, v2), (v3, v4, v5), v6);
```

A．3　　B．4

C．5　　D．6

19．一个完整的可运行的 C 源程序（　　）。

A．至少需由一个主函数和（或）一个以上的其他函数构成

B．由一个且仅一个主函数和零个以上（含零个）的其他函数构成

C．至少由一个主函数和一个以上的其他函数构成

D．至少由一个且仅一个主函数或多个其他函数构成

20．下列指数形式正确的是（　　）。

A．4.6E　　B．E+5　　C．0E-4　　D．4E+4．2

二、填空题（每空 2 分，共 20 分）

1．若有定义 int x=3，y=2；float a=2.5，b=3.5；则表达式(x+y)%2+(int)a/(int)b 的值为________。

2．标识符可以由________或________开头，由字母、数字和下画线组成。

3．在保存 C 程序源文件时，默认的文件名是________。

4．C 语言程序的编辑及运行可分为四步，它们是程序编辑、________、________和程序运行。

5．C 语言中整型常量按进制划分，有以下三种：十进制、________和________。

6．数学表达式 $v=4/3\Pi r^3$ 的 C 语言表达式是________。

7．判断年份 y 是否为闰年的逻辑表达式为________。

三、阅读程序题（每题 5 分，共 20 分）

1．程序如下：

```
main()
{  int x=1,y=2,z=3;
   x+=y+=z;
   printf("%d\t%d\t%d\n",x,y,z);
   printf("%d\n",x<y?x++:y++);
   printf("%d\n",x<y);
   printf("%d\t%d\t%d\n",x,y,z);
}
```

结果：______________

2．程序如下：

```
main()
{  printf("\'ab\'\tabc\n");
   printf("a\101\x41\tb\102\x42");
}
```

结果：____________________

3．程序如下：

```
main(){
  float a,b,s;
  char c;
  printf("input expression:a+(-,*,/)b\n");
  scanf("%f%c%f",&a,&c,&b);
  switch(c){
    case'+':printf("%f\n",a+b);break;
    case'-':printf("%f\n",a-b);break;
    case'*':printf("%f\n",a*b);break;
    case'/':printf("%f\n",a/b);break;
```

```
        default:printf("input error\n");
      }
    }
```

若输入"23+78"，则结果：________________________

4．程序如下：

```
    #include <stdio.h>
    main(){
    int n=0;
    while(getchar()!='\n')n++;
    printf("%d",n);
    }
```

设输入为 abcd1234qw<回车>，则结果为________________________

四、编程题（每题 10 分，共 20 分）

1．输入三个整数，将三个数按照从大到小的顺序输出。

2．从键盘上输入 10 个数并存入数组 a，找出其中最大的元素和最小的元素所在的位置。

综合测试题 5

一、选择题（每题 2 分，共 40 分）

1. 以下叙述不正确的是（　　）。
   A. 一个 C 源程序可由一个或多个函数组成
   B. 一个 C 源程序必须包含一个 main 函数
   C. C 程序的基本组成单位是函数
   D. 在 C 程序中，注释说明只能位于一条语句的后面
2. 一个 C 程序的执行从（　　）。
   A. 本程序的 main 函数开始，到 main 函数结束
   B. 本程序文件的第一个函数开始，到本程序文件的最后一个函数结束
   C. 本程序的 main 函数开始，到本程序文件的最后一个函数结束
   D. 本程序文件的第一个函数开始，到本程序的 main 函数结束
3. 设 int x=1,y=1;，则表达式(x||y&&x>y)的值是（　　）。
   A. 0　　B. 1　　C. 2　　D. -1
4. 设有 int x=11;，则表达式(x++*1/3)的值是（　　）。
   A. 3　　B. 4　　C. 11　　D. 12
5. 以下程序的输出结果是（　　）。

```
main()
{
  int a,b,d=241;
  a=d/100%9;
  b=(-1)&&(-1);
  printf("%d,%d\n",a,b);
}
```

   A. 6,1　　B. 2,1　　C. 6,0　　D. 2.,0

6. 若变量已正确说明，要求用以下语句给 c1 赋字符%，给 c2 赋字符#，给 a 赋 2.0，给 b 赋 4.0，则正确的输入形式（其中，□代表空格）是（　　）。
   A. 2.0□%□4.0□#<CR>　　B. 2.0,%,4.0,#<CR>
   C. 2%□□4#<CR>　　D. 2□%□4□#<CR>
7. 若有 int c1=1,c2=2,c3;c3=1.0/c2*c1;，则执行后，c3 中的值是（　　）。
   A. 0　　B. 0.5　　C. 1　　D. 2
8. 有如下程序段：

```
int a=14,b=15,x;
char c='A';
x=(a&&b)&&(c<'B');
```

执行该程序段后,x 的值为（　　）。
   A. true　　B. false　　C. 0　　D. 1

9．若有以下定义和语句：

```
char c1='b',c2='e';
printf("%d,%c\n",c2-c1,c2-'a'+'A')
```

则输出结果是（　　）。

A．2,M　　B．3,E　　C．2,e　　D．输出结果不确定

10．下列程序执行后的输出结果是（　　）。

```
main()
{long x=0xFFFF;
printf("%ld\n",x--);}
```

A．-32767　　B．65535　　C．-1　　D．-32768

11．执行下列程序时输入：123<空格>456<空格>789<回车>。此时输出结果是（　　）。

```
main()
{  char s[100];
   int c,i;
   scanf("%c",&c);
   scanf("%d",&i);
   scanf("%s",s)
   printf("%c,%d,%s\n",c,i,s);
}
```

A．123,456,789　　B．1,456,789　　C．1,23,456,789　　D．1,23,456

12．若 int 类型数据占两个字节，则以下语句的输出为（　　）。

```
    int k=-1
    printf("%d, %u\n", k, k);
```

A．-1，-1　　B．-1，32767

C．-1，32768　　D．-1，65535

13．以下程序段执行后，i 的值是（　　）。

```
int i=10;
switch(i)
{case  9:i+=1;case10:i+=1;case 11:i+=1;default:i+=1;}
```

A．10　　B．11　　C．12　　D．13

14．下列程序的输出结果是（　　）。

```
#include  <stdio.h>
main()
{ int a=0, b=0, c=0;
  if(++a>0||++b>0)
   ++c;
  printf("\na=%d,b=%d,c=%d", a, b, c);
 }
```

A．a=0，b=0，c=0　　B．a=1，b=1，c=1

C．a=1，b=0，c=1　　D．a=0，b=1，c=1

15．运行两次下列程序，若输入分别为 6 和 4，则输出结果是（　　）。

```
main()
{
  int x;
```

```
    scanf("%d",&x);
    if(++x>=5) printf("%d",x);
}
```

A．7　　B．6　　C．7 和 5　　D．6 和 4

16．若 x=1,while(x++<5);结束后,x 的值为（　　）。

A．4　　B．5　　C．6　　D．7

17．以下循环体的执行次数是（　　）。

A．3　　B．2　　C．1　　D．0

```
main()
{  int i,j;
   for(i=0,j=1;i<=j+1;i+=2,j--) printf("%d\n",i);
}
```

18．以下程序的输出结果是（　　）。

```
main( )
{  int n=4;
   while(--n)printf("%d",n);
}
```

A．2 1 0　　B．3 2 1 0　　C．4 3 2 1　　D．3 2 1

19．以下一维数组 a 正确的定义是（　　）。

A．int a(5);　　B．int n=5,a[n];

C．int a[SZ];其中 SZ 为符号常量　　D．int a(i);

20．在 C 语言程序中，（　　）。

A．函数的定义可以嵌套，但函数的调用不可以嵌套

B．函数的定义不可以嵌套，但函数的调用可以嵌套

C．函数的定义和调用均不可以嵌套

D．函数的定义和调用均可以嵌套

二、填空题（每空 2 分，共 20 分）

1．C 语言中，数据类型分为基本数据类型和________。

2．C 语言函数中未指定存储类型的变量，其隐含类型是________。

3．下列程序是利用条件表达式计算：当 x>y 时，a=10*x，否则，a=10*y。请将程序补充完整。

```
main()
{int x,y,a,b;
  x=20;y=10;
  b=______________;
  a=10*b;
  printf("a=%d\n",a);
}
```

4．完善程序。以下程序的功能是输入一个小写字母，输出其对应的大写字母；若输入的不是小写字母，则提示输入出错。请在下画线处填入正确的语句或表达式，使程序完整。

```
#include"stdio.h"
main()
```

```
{
  char ch1,ch2;
  printf("请输入一个小写字母：");
  ch1=______________;
  ch2=______________;
  (______________)?putchar(ch2):printf("输入出错！");
}
```

5．在 C 语言中引用数组元素时，其下标的数据类型允许是________。

6．函数的返回值用________语句实现。

7．假设所有变量均为整型，则表达式(a=2，b=5，a++，b++，a+b)的值为________。

8. 已知字母 a 的 ASCⅡ码为十进制数 97，且设 ch 为字符型变量，则表达式 ch='a'+'8'-'3'的值为________。

三、阅读程序题（每题 5 分，共 20 分）

1．程序如下：

```
main()
{  int i,j,h,k;
   i=10;j=20;
   h=++i;k=j++;
   printf("%d,%d,%d,%d\n",i,j,h,k);
}
```

结果：______________

2．程序如下：

```
#include<stdio. h>
main( )
{
  int k=4,m=3,p;
  p= func(k,m) ;
  printf("%d",p) ;
  p= func(k,m) ;
  printf("%d\n",p) ;
}
func(a,b)
{
  int a,b
  static int m = 0, i = 2;
  i+=m+1;
  m=i+a+b;
  return(m) ;
}
```

结果：____________________

3．程序如下：

```
main()
{int x=0;y=2;z=3;
 switch(x)
```

```
    {case  0: switch(y= =2)
       {case 1:printf("*");break;
       case 2: printf("%");break;
       }
    case  1: switch(z)
       {case 1:printf("$");
       case 2: printf("*");break;
       default:printf("#");
       }
  }
```

结果：________________________

4. 程序如下：

```
  main( )
  {  int a[]={2,4,6,8,10},y=1,x;
     for(x=1;x<4;x++)
     y+=a[x];
     printf("y=%d\n",y);
  }
```

结果：________________________

四、编程题（每题 10 分，共 20 分）

1. 输入一个整数，判断该数是不是素数，如果是则输出“yes”，如果不是则输出“no”。

2. 从键盘上输入一个字符串，将大写字母转换成小写字母，将小写字母转换成大写字母，并进行输出。

反侵权盗版声明